职业教育课程改革实验教材系列

C 语言程序设计教程

王新萍　郑　静　主　编

张晓明　张玛丽　苏　彬　袁　源　参　编
贾晋宁　韩继英　樊斌峰

電子工業出版社

Publishing House of Electronics Industry

北京 • BEIJING

内 容 简 介

本书由多年从事C语言教学的教师编写。全书共分11章，主要内容包括：第1章介绍C语言的发展及特点；第2章介绍C语言的基本概念、数据类型、运算符及表达式；第3章介绍顺序结构程序设计；第4章介绍选择结构程序设计；第5章介绍循环结构程序设计；第6章介绍数组类型；第7章介绍函数；第8章介绍指针类型；第9章介绍结构体和联合体；第10章介绍编译预处理；第11章介绍文件类型。在编写时注意从实用出发，内容由浅入深，每章附有趣味程序实例，以增强学习的兴趣和乐趣。本书最后还配有丰富的模拟试题，以便读者更好地掌握所学知识。

本书内容丰富、语言简练易懂，融趣味性与操作性于一体。可作为高职高专C语言程序课程的实用教材，也可以供初学编程者自学用书。

为方便教师教学，本书还配有教学指南、电子教案和习题答案（电子版），详见前言。

图书在版编目（CIP）数据

C语言程序设计教程／王新萍，郑静主编. 一北京：电子工业出版社，2010.12

职业教育课程改革实验教材系列

ISBN 978-7-121-11632-2

Ⅰ.①C… Ⅱ.①王… ②郑… Ⅲ.①C语言—程序设计—高等学校：技术学校—教材 Ⅳ.①TP312

中国版本图书馆CIP数据核字（2010）第161062号

策划编辑：关雅莉
责任编辑：张 帆
印　　刷：北京七彩京通数码快印有限公司
装　　订：北京七彩京通数码快印有限公司
出版发行：电子工业出版社
　　　　　北京市海淀区万寿路173信箱　邮编　100036
开　　本：787×1092　1/16　印张：17.75　字数：438.4千字
版　　次：2010年12月第1版
印　　次：2018年6月第9次印刷
定　　价：36.00元

凡所购买电子工业出版社图书有缺损问题，请向购买书店调换。若书店售缺，请与本社发行部联系，联系及邮购电话：（010）88254888，88258888。

质量投诉请发邮件至zlts@phei.com.cn，盗版侵权举报请发邮件至dbqq@phei.com.cn。

本书咨询联系方式：（010）88254617，luomn@phei.com.cn。

前　言

C 语言作为一种计算机程序设计语言，它功能丰富，表达能力强，使用灵活方便，应用面广，可移植性好，集高级语言和低级语言的优点于一身。它代码质量高，有利于提高编程效率。因此，C 语言已成为当今最有影响的语言之一，学习 C 语言成为广大计算机应用人才和大中专院校学生的迫切要求。在大中专院校和职业技术学院的计算机专业和相近专业都开设了 C 语言程序设计课程。非计算机专业也逐步将 C 语言作为程序设计的首选课程。

本书是针对职业院校学生的状况和初学者的需求来编写的。注重培养学生的逻辑思维和编程思维。在内容组织上删繁就简，以 C 语言最基本的内容为主线，深入浅出。循序渐进地帮助读者掌握 C 语言的基本内容。本书最后还配有丰富的模拟试题，以便读者更好地掌握所学知识。

程序设计在某种意义上来说是一项既复杂又枯燥的工作，它需要付出艰苦的劳动，同时又充满着探索和追求的乐趣。为了摆脱学习的枯燥乏味，我们在每一章附有趣味程序设计实例，以将程序设计的技术和方法融于趣味问题中，通过对多种趣味问题的讨论，使读者在轻松、愉悦的氛围中探索程序的奥妙，达到事半功倍的效果。

本书由山西综合职业技术学院计算机工程系王新萍、郑静担任主编。编写分工如下：第 1 章由山西综合职业技术学院郑静编写；第 2 章及附录由太原大学的张晓明编写；第 3 章由山西综合职业技术学院张玛丽编写；第 4 章、第 5 章由山西综合职业技术学院韩继英编写；第 6 章由山西综合职业技术学院王新萍编写；第 7 章、第 10 章由山西综合职业技术学院袁源编写；第 8 章、第 11 章由山西综合职业技术学院樊斌峰编写；第 9 章由山西综合职业技术学院贾晋宁编写；趣味程序实例由山西综合职业技术学院苏彬编写。全书由山西综合职业技术学院王新萍统稿。

为方便教师教学，本书还配有教学指南、电子教案和习题答案（电子版）。请有此需要的教师登录华信教育资源网（www.hxedu.com.cn）免费注册后再进行下载，有问题请在网站留言板留言或与电子工业出版社联系（E-mail: hxedu@phei.com.cn）。

由于我们水平有限，本书一定有不少错误之处，恳请读者批评指正，编者 E-mail:wangxp_sx@163.com。

编　者

2010 年 4 月

目　录

C语言程序设计教程

C语言程序设计教程

C语言程序设计教程

C语言程序设计教程

第1章 | C语言概述

关键字

历史背景
特点
Turbo C
基本操作

C语言程序设计教程

在本章中，读者将了解C语言的历史背景和主要特点；并会接触到几个简单的C语言程序实例，通过这些实例学习C程序的格式、构成及基本要求；最后熟悉C程序的编写及运行环境——Turbo C中的基本操作。本章从一个比较浅的层次，让读者尽快掌握C程序设计的精髓。

1.1 C语言的历史背景

C 语言是国际上广泛流行的计算机高级语言，既可用来写系统软件，也可用来写应用软件。在C语言诞生以前，早期的操作系统等系统软件（包括UNIX操作系统）主要是采用汇编语言编写的。但是，汇编语言存在明显的缺点，它依赖于计算机硬件，程序的可读性、可移植性都比较差。为了提高可读性和可移植性，人们希望能找到一种既具有一般高级语言特性，又具有低级语言底层操作能力的语言来编写系统软件，于是C语言在20世纪70年代初应运而生了。

最初的C语言只是为UNIX操作系统的描述和实现提供一种工作语言而设计的。1972年，C语言投入使用，1973年，K.Thompson和D.M.Ritchie两人合作把UNIX的90%以上用C改写。后来，C语言多次做了改进，但主要还是在贝尔实验室内部使用。随着UNIX的日益广泛使用，C语言也迅速得到推广。1978年以后，C语言已先后移植到大、中、小、微型机上，已独立于UNIX了。后来，随着微型计算机的日益普及，C语言又被多次改进，出现了许多C语言版本。由于没有统一的标准，使得这些C语言之间出现了一些不一致的地方。为了改变这种情况，美国国家标准研究所(ANSI)为C语言制定了一套ANSI标准，成为现行的C语言标准。现在C语言已风靡全世界，成为世界上应用最广泛的几种计算机语言之一。

1.2 C语言的特点

C 语言发展如此迅速，而且成为最受欢迎的语言之一，是因为他具有优于其他语言的以下特点:

（1）语言简洁、紧凑，使用方便、灵活。C语言共有32个关键字，9种控制语句，程序书写形式自由。

（2）数据类型丰富。C语言的数据类型有：整型、实型、字符型、数组、指针、结构体、共用体等，能用来实现各种复杂的运算。

（3）运算符丰富。C语言有多达40余种运算符。丰富的数据类型与众多的运算符相结合，使C语言具有表达灵活和效率高的优点。

（4）可移植性好。用C语言写的程序基本上不做修改就能运行于各种型号的计算机和各种操作系统中。

（5）能直接操纵硬件。C语言能实现汇编语言的大部分功能，可以直接对硬件进行操作。这是其他高级语言所不能的。

C 语言是一种功能很强的语言，但是，它也有一些不足之处：C 语言的语法限制不太严格，程序安全性较低，运算符功能强但难记、难掌握。因此，学习C语言不妨先学基本部分，先编写一些简单的程序，基本部分熟练后再全面掌握C语言。

1.3 简单的 C 程序介绍

为了说明 C 语言源程序结构的构成，先看以下几个程序。这几个程序由简到难，表现了 C 语言源程序在组成结构上的特点。虽然有关内容还未介绍，但从中可以了解到组成一个 C 语言源程序的基本部分和书写格式。

程序文本【1.1】 输出一行信息：hello,world!

```
#include "stdio.h"
main( )
{
 printf("hello,world! ");
}
```

结果是：

```
hello,world!
```

这是一个最简单的 C 语言程序，第 1 行的"#include "stdio.h""会在第 3 章介绍，在此只需记住，在程序中用到系统提供的标准输入输出函数时，应在程序开头加上它。第 2 行的 main 是 C 语言程序中"主函数"的名字。每一个 C 语言程序都必须有一个 main 函数，每一个函数都要有函数名和函数体，函数体用大括号{}括起来。第 4 行的 printf 是系统提供的标准输出函数（在第 3 章会详细介绍），圆括号中双引号中的字符串按原样输出。在执行程序时，输出"hello,world!"。

程序文本【1.2】 求两个整数之和

```
#include "stdio.h"
main()                  /*求两个整数之和*/
{
int a,b,s;              /*这是声明部分，定义 a,b,s 为整型变量*/
a=1;                    /*将 1 赋给 a，从这行开始的 4 行是 C 语句*/
b=2;                    /*将 2 赋给 b*/
s=a+b;                  /*将 a+b 的和赋给 s*/
printf("%d",s);         /*输出 s 的值*/
}
```

结果是：

```
3
```

本程序各行右侧的/*……*/表示注释部分。注释是对程序某部分的解释，对运行不起作用。注释可以出现在一行的最右侧，也可以单独成为一行，根据需要写在程序的任何一行中。第 4 行的"int a,b,s;"用来定义变量，是声明部分。第 5 行和第 6 行是两个赋值语句，使 a 和 b 的值分别为 1 和 2。第 7 行执行 a+b 的运算，并把结果 3 赋给变量 s。第 8 行是输出语句，printf 函数中逗号后的"s"表示要输出的变量，逗号前双引号中的"%d"表示输出变量的格式。在执行程序时，输出"3"。

程序文本【1.3】 求两个整数中的较大者

```
#include "stdio.h"
main()                          /*主函数*/
{
int a,b,c;                      /*定义 a,b,s 为整型变量*/
scanf("%d%d ",&a,&b);           /*输入 a,b 的值*/
c=max(a,b);                     /*调用 max 函数，将得到的值赋给 c*/
printf("%d",c);                 /*输出 c 的值*/
}
int max(int x, int y)           /*定义 max 函数*/
{
int z;                          /*在 max 函数中定义 z 为整型变量*/
if (x>y) z=x;                   /*如果 x>y，则将 x 的值赋给 z*/
else z=y;                       /*否则将 y 的值赋给 z*/
return(z);                      /*将 z 的值返回到函数的调用处*/
}
```

结果是：

```
3 6↙        （输入 3 和 6，给 a 和 b）
6           （输出两个数中的较大者）
```

本程序包括两个函数：main 函数和被调用的 max 函数。max 函数的作用是将 x 和 y 中较大者赋给 z，函数最后的 return 语句是将 z 的值返回给主调函数 main 中调用 max 函数的地方。

程序第 5 行的 scanf 是系统提供的标准输入函数（在第 3 章会详细介绍），将用户从键盘输入的两个数值给变量 a 和 b。第 6 行中调用 max 函数，调用时将实际参数 a 和 b 的值分别传递给形式参数 x 和 y，经过执行 max 函数得到一个返回值，这个值会返回到调用位置，即这行中的“=”后，代替原来的“max(a,b)”，然后将这个值赋给 c。第 7 行输出 c 的值。

为了区分结果中的输入和输出信息，将用户输入的信息加了下画线，如上面运行结果中的“3 6↙”表示，用户从键盘输入 3 和 6，然后按回车键。结果中第 2 行的“6”表示显示在屏幕上的信息。

通过以上几个例子，可以得到如下结论。

（1）C 程序是由函数组成的。一个 C 程序必须包含且只能包含一个 main 函数，也可以包含若干个其他函数。程序的全部工作都是由各个函数分别完成的。函数是 C 程序的基本单位。

（2）程序总是从 main 函数开始执行。main 函数和其他函数在程序中的先后位置不影响程序的执行过程。由 main 函数开始调用其他函数，其他函数间也可以相互调用，最终返回 main 函数结束程序。

（3）一个函数由函数首部和函数体两部分组成。函数首部即函数的第 1 行，包括函数名、函数类型、函数参数名和参数类型。函数名后面必须跟一对圆括号，括号内写函数的参数名及其类型。函数可以没有参数，如“main( )”。函数体即函数首部下第一对大括号内的部分。函数体一般包括声明部分和执行部分。

（4）一个语句和声明部分必须在最后出现分号，分号是语句中不可缺少的组成部分。

（5）C 语言允许一行写几个语句，也允许一个语句拆开写在几行上。

（6）可以用/*……*/对程序中的任何一行作注释，以增加程序的可读性。注释不影响语句的功能。

（7）程序习惯使用英文小写字母书写，也可以使用大写字母，但大写字母习惯上另有其他用途。

1.4 C 程序的上机步骤

C 语言有许多集成开发环境，可以把程序的编辑、编译、连接和运行等操作全部集中在一个界面上。Turbo C 是其中较常用的一种。本书将以 Turbo C 编译程序为例讲述 C 语言程序的上机步骤。

1．运行 C 语言程序的一般过程

（1）启动 Turbo C，进入集成开发环境。

（2）编辑（或修改）源程序。

（3）编译。若编译成功，则进行下一步操作；否则，返回（2）修改源程序，并重新编译，直到编译成功。

（4）连接。若连接成功，则进行下一步操作；否则，根据错误提示进行修改，并重新连接，直到连接成功。

（5）运行。通过观察结果验证程序的正确性。若出现逻辑错误，则返回（2）修改源程序，并重新编译、连接和运行，直到程序正确。

（6）退出 Turbo C 集成开发环境。

2．Turbo C 的启动

可以通过在 Windows 系统中双击主程序文件 TC.EXE 来启动 Turbo C。主程序文件 TC.EXE 在安装 Turbo C 的文件夹中。

启动成功后，屏幕上将显示 Turbo C 的主菜单窗口，如图 1.1 所示。

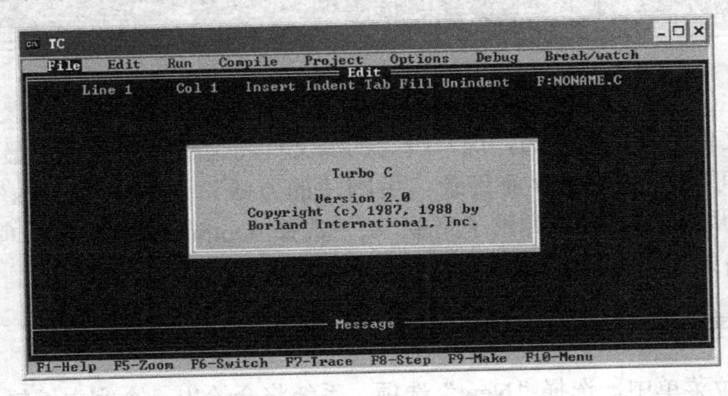

图 1.1 Turbo C 的主菜单窗口

C语言程序设计教程

在 Turbo C 主菜单窗口中，用 F10 键和光标移动键可以从主菜单中选择所需的功能。一般为了防止与其他用户混淆，用户应该建立一个专用的工作目录，来存放自己的文件。

当需设定用户文件的存放目录时，应选“File”菜单，即将亮块移到“File”后按下回车键，即会弹出“File”下拉菜单，如图 1.2 所示。

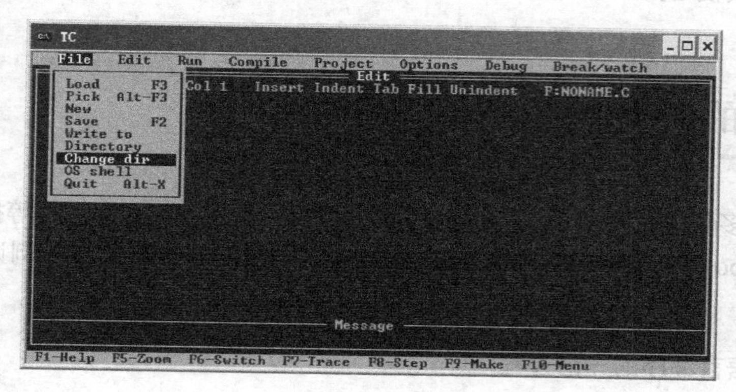

图 1.2　Turbo C 的“File”菜单

将光标移至“Change dir”选项并按回车键，则弹出一个子目录提示框。用户可在该提示框中输入用户文件的存放目录，输入完后按回车键即可。如输入 D:\ user（D 盘中已创建好 user 文件夹），如图 1.3 所示。

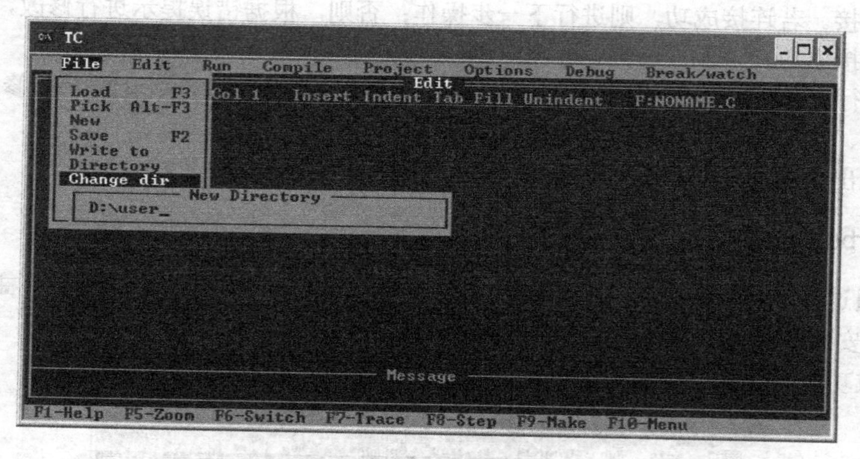

图 1.3　设定用户文件存放目录

设定好用户文件的存放目录后，用户编写的源文件将会保存在这里，最后，还需要设定编译、连接后的可执行文件的存放目录。用刚才的方法，选择“Options”下拉菜单中的“Directories”选项并按回车键，将弹出子菜单，从中选择“Output directory”选项并输入 D:\user。这里设定的就是编译、连接后的可执行文件所存放的目录，如图 1.4 所示。

3．编辑源程序

在“File”下拉菜单中，选择“New”选项，系统将会给出一个空白编辑窗口，在此编辑源程序，如图 1.5 所示。

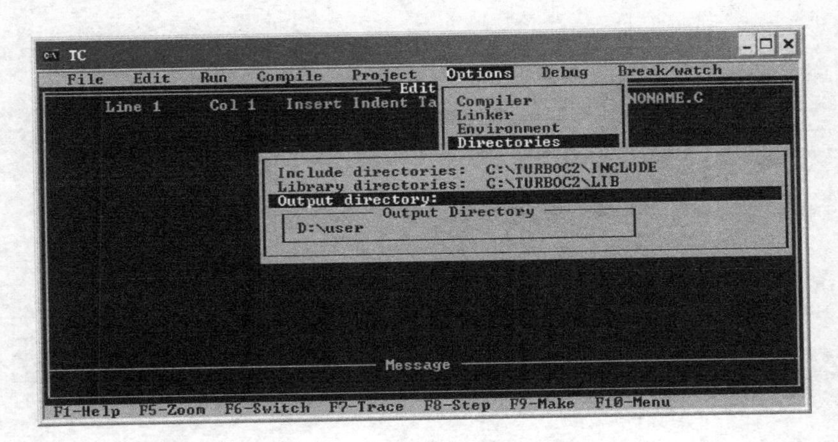

图 1.4 设定可执行文件存放目录

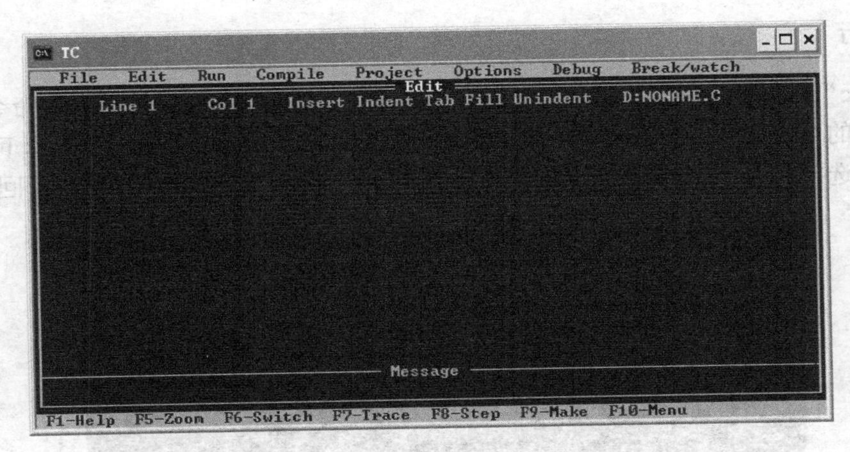

图 1.5 空白编辑窗口

编辑过程中，可用到以下常用的编辑键：

（1）用光标移动键分别向上、下、左、右来移动。用“Home”键到达行首，“End”键到达行末。

（2）用“Delete”键删除光标所在的字符，用“Backspace”键删除光标左侧的字符。

（3）用“Insert”键控制工作状态是否为插入状态。按下“Insert”键可看到屏幕编辑窗口上有“Insert”时为插入状态，此时可在屏幕当前光标处插入输入的字符。在插入状态下，再按一下“Insert”键可取消插入状态，状态行上的“Insert”标志消失，此时输入的字符将覆盖光标处的字符。

4. 编译和连接

选择“Compile”下拉菜单，如图 1.6 所示。

选择“Make EXE file”选项对当前编辑窗口的源程序文件进行编译并生成目标文件（扩展名为.OBJ），连接后生成可执行文件（扩展名为.EXE）。若发现语法错误即进行修改。

C语言程序设计教程

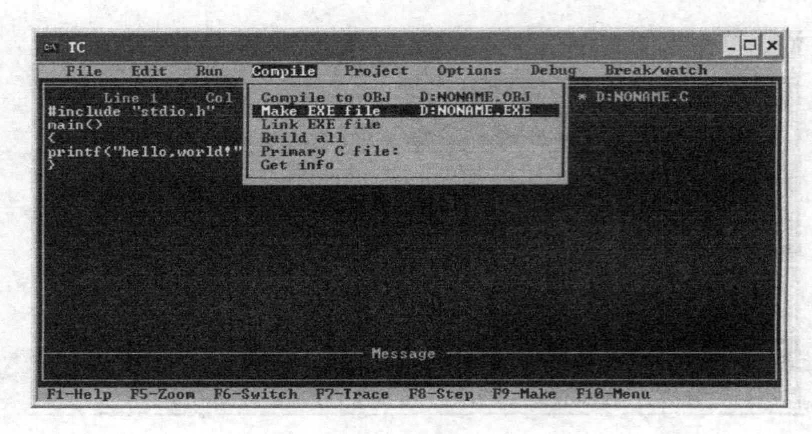

图 1.6 “Compile”下拉菜单

5. 运行

按“Esc”键回到主菜单，选择“Run”下拉菜单，在菜单中选择“Run”命令项，即可运行已生成的可执行文件。若发现结果不对就要重新修改源程序。程序运行后，可在“Run”下拉菜单中选择“User Screen”选项查看结果，如图 1.7 所示。查看后按任意键返回编辑窗口。

图 1.7 运行结果界面

6. Turbo C 的退出

在“File”下拉菜单中，选择“Quit”选项，就可退出 Turbo C 集成开发环境。

1.5 C 语言趣味程序实例 1

题目：歌星大奖赛

在歌星大奖赛中，有 10 个评委为参赛的选手打分，分数为 1～100 分。选手最后得分为：去掉一个最高分和一个最低分后其余 8 个分数的平均值。请编写一个程序实现。

1）问题分析与算法设计

这个问题的算法十分简单，但是要注意在程序中判断最大、最小值的变量是如何赋值的。

2）程序说明与注释

```
#include "stdio.h"
int main()
{
int integer,i,max,min,sum;
max=-32768; /*先假设当前的最大值 max 为 C 语言整型数的最小值*/
min=32767; /*先假设当前的最小值 min 为 C 语言整型数的最大值*/
sum=0; /*将求累加和变量的初值置为 0*/
for(i=1;i<=10;i++)
{
printf("Input number %d=",i);
scanf("%d",&integer); /*输入评委的评分*/
sum+=integer; /*计算总分*/
if(integer>max)max=integer; /*通过比较筛选出其中的最高分*/
if(integer<min)min=integer; /*通过比较筛选出其中的最低分*/
}
printf("Canceled max score:%d\nCanceled min score:%d\n",max,min);
printf("Average score:%d\n",(sum-max-min)/8); /*输出结果*/
}
```

3）运行结果

```
Input number1=90
Input number2=91
Input number3=93
Input number4=94
Input number5=90
Input number6=99
Input number7=97
Input number8=92
Input number9=91
Input number10=95
Canceled max score:99
Canceled min score:90
Average score:92
```

4）思考题

题目条件不变，但考虑同时对评委评分进行裁判，即在 10 个评委中找出最公平(即评分最接近平均分)和最不公平(即与平均分的差距最大)的评委，程序应该怎样实现？

1.6 本章小结

本章简要介绍了 C 语言的发展和特点，并通过实例分析了 C 程序的格式、构成和基本要

C语言程序设计教程 

求，最后介绍了C程序的上机步骤。需要掌握的知识点主要有：

（1）C 语言是目前世界上使用最广泛的几种计算机语言之一，语言简洁、紧凑，使用方便灵活，功能很强。掌握C语言程序设计是程序设计人员的一项基本功。

（2）一个C语言程序由一个或多个函数构成，必须有一个main函数。程序从main函数开始执行。

（3）函数由函数首部和函数体两部分组成。在函数体内可以包括若干个语句，语句以分号结束，一行内可以写几个语句，一个语句也可以分写为多行。

（4）上机运行一个C程序必须经过四个步骤：编辑、编译、连接和执行。

（5）用C语言编写好程序后，可以用不同的C编译系统对它进行编译。目前所用的编译系统多采用集成开发环境：把编辑、编译、连接和执行等步骤在一个集成环境中完成。

1.7 复习题

1．一个C语言程序是由（　　）组成。

A．一个主程序及若干个子程序　　B．一个主程序

C．一个主函数及若干个子函数　　D．一个主函数

2．以下叙述不正确的是（　　）。

A．一个C程序可由一个或多个函数组成

B．一个C程序必须包含一个main函数

C．在C程序中，注释只能位于一条语句的最后面

D．C程序的基本组成单位是函数

3．main函数在源程序中的位置（　　）。

A．必须在最开始　　B．必须在子函数的后面

C．可以任意　　D．必须在最后

4．一个C程序的执行是从（　　）。

A．本程序的第一个函数开始，到最后一个函数结束

B．本程序的main函数开始，到最后一个函数结束

C．本程序的main函数开始，通常也在main函数结束

D．本程序的第一个函数开始，到main函数结束

5．下列说法中正确的是（　　）。

A．C程序书写时，不区分大小写字母

B．C程序书写时，一行只能写一个语句

C．C程序书写时，一个语句可分成几行书写

D．C程序书写时每行必须有行号

6．请根据自己的认识，写出C语言的主要特点。

7．用户编写的C程序上机运行要经过哪些步骤？

1.8 程序设计实践

1．编写程序，输出以下信息：

```
*   *   *   *   *
*   Turbo C     *
*   *   *   *   *
```

2．编写程序，用“*”输出字母“E”的图案。

C语言程序设计教程

第2章 数据类型、运算符和表达式

关键字

常量与变量
整型数据
实型数据
字符型数据
运算符和表达式

运算符

+ − * / % ++ −− = += −= *= /= %= <<= >>= &= ^= |= ,

C语言程序设计教程

在本章中，读者将会了解到在进行C程序设计之前必须掌握的一些基本知识。包括C语言所支持的数据类型、数据的常量与变量之分、常用的运算符及相应的表达式。这些知识是进行C语言程序设计的基础。

2.1　C语言的数据类型

数据是程序设计中一个很重要的成分，是程序处理的对象。学习任何一种计算机语言，必须了解这种语言所支持的数据类型。在其后的程序设计时，对于程序中的每一个数据都应该确定其数据类型。对不同的问题，采用的数据类型应不同。例如，在统计某个班级有多少学生时应该用整型数据，而不能使用带小数的数据。

C语言规定，程序中用到的任何一个数据都必须首先指定其数据类型。

在C语言，数据类型可分为：基本类型、构造类型、指针类型、空类型四大类。每个大类中又划分出一些小类。具体分类如图2.1所示。

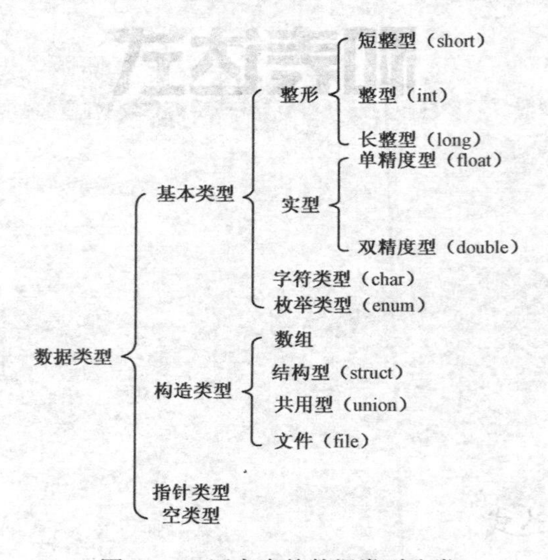

图2.1　C语言中的数据类型分类

本章将介绍基本类型中的整型、实型和字符型三种数据，其余数据类型将在以后的章节中陆续介绍。

2.2　常量与变量

在程序中，不同类型的数据有两种基本的表现形式：常量和变量。数据可以用常量的形式出现，也可以用变量的形式出现。

2.2.1 标识符

在C语言中，把用来标识对象（包括变量、符号常量、函数、数组等）名字的有效字符称为标识符。一个标识符的命名应遵循以下规则：

（1）只能由字母、数字和下画线组成，且不能以数字开头。如 area、_above、m_1_1 都是正确的，而 a+b、13 是不正确的。

（2）长度不能超过 32 个字符，多余的将不被识别。

（3）大写字母和小写字母被视为两个不同的字符。如 zhang 、ZHANG 被认为两个不同的标识符。

（4）C 语言中的关键字不能用做标识符名。

C 语言中的关键字共有 32 个，包括：

auto	break	case	char	const	continue	default	do
double	else	enum	extern	float	for	goto	if
int	long	register	return	short	signed	static	sizeof
struct	switch	typedef	union	unsigned	void	volatile	while

2.2.2 常量与符号常量

1．常量

常量是指在程序的运行过程中其值不能改变的量。例如像 32 这样出现在程序中的具体数字，它在程序运行过程中的值始终是固定不变的。

常量可以区分算术型常量和字符型常量。

算术型常量就是常数，例如 3、123、32。

字符型常量是用双引号或单引号括起来的一串字符，例如'A'，"hello，world"，"12345"之类的字符型常量。

2.符号常量

符号常量是指用一个符号代表一个普通意义上的常量。主要用于程序中多次出现一些数据时，为了提高程序的可读性，给某个特定的数据赋予一个名字。符号常量一旦赋值，在程序的运行过程中就不能再赋以新值。

符号常量在使用之前必须先定义，其一般形式为：

#define 标识符 常量

例如：#define PI 3.14 中的 PI 就是符号常量，在其后的程序中，代替的常量是 3.14。习惯上，符号常量用大写字母表示。

程序文本【2.1】 符号常量的使用

```
#include  "stdio.h"
#define PI 3.14                    /*定义符号常量 PI，其值为 3.14*/
main()
```

C语言程序设计教程

```
{
    float r;                        /*r 是圆的半径*/
    float area;                     /*area 是圆的面积*/
    printf("Please input r:");
    scanf("%f",&r);                 /*输入圆的半径*/
    area=PI*r*r;                    /*计算圆的面积*/
    printf("area=%f",area);
}
```

结果是：

```
Please input r: 1
area=3.140000
```

2.2.3 变量

1. 变量的概念

变量是指在程序的运行过程中其值可以改变的量。程序中使用的每个变量都用一个变量名作为标识，变量命名时应遵循标识符命名规则。习惯上，变量名用小写字母表示。

变量也有数据类型之分，常见的有整型变量、实型变量和字符型变量等。程序运行时，计算机按变量的类型分配一定的存储空间，变量的值放在变量的存储空间内，程序通过变量名引用变量值，实际上是通过变量名找到其内存地址，从内存地址中读取数据。

2. 变量的定义

C 语言中的变量必须先定义再使用。

定义变量时需要确定变量的数据类型和变量名。

变量定义的一般形式为：

类型标识符　变量名[，变量名 2……]；

程序文本【2.2】　变量的定义

```
#include  "stdio.h"
main()
{
int a;                      /*指定 a 为整型变量*/
a=1;                        /*赋值语句，将 1 赋给变量 a*/
printf("a=%d\n",a);
}
```

结果是：

```
a=1
```

其中，该程序中的“int a”；语句定义一个变量 a，变量的数据类型为 int，即整型数据。

注意：

（1）允许在一个类型标识符后，定义多个相同类型的变量。各变量名之间用逗号间隔。

类型标识符与变量名之间至少用一个空格间隔。

（2）最后一个变量名之后必须以“;”号结尾。

（3）变量定义必须放在变量使用之前。一般放在函数体的开头部分。

2.3 整型数据

2.3.1 整型常量

整型常量是由一系列数字组成的常数，不带小数点。C 语言中的整型常量可以用以下 3 种形式表示。

1．十进制的整型常量

由正负号和数字 0～9 组成的整数，如 645、−56、0 等。

2．八进制的整型常量

由正负号和数字 0～7 组成的整数，并且必须以 0 开头。如 034 表示八进制数 34，它的十进制值为 28。

3．十六进制的整型常量

由正负号、数字 0～9 和字符 a～f 组成的整数，并且必须以 0x 开头。其中的 a、b、c、d、e、f 分别表示十进制中的 10、11、12、13、14、15。如 0xd 表示十六进制数 d，它的十进制值为 13。

2.3.2 整型变量

整型变量可分为以下 4 种类型：

（1）基本型，以 int 表示。

（2）短整型，以 short 或者 short int 表示。

（3）长整型，以 long 或者 long int 表示。

（4）无符号整型，以 unsigned 表示。unsigned 可以加在 int、short 和 long 的前面，分别表示无符号整型、无符号短整型和无符号长整型。

各种整型变量数据的表示方法及所表示的范围如表 2.1 所示。

表 2.1 整型变量数据的表示方法及所表示的范围

类型标识符	简 写	数 的 范 围	字节数
int	int	−32768～32767，即-2^{15}～（$2^{15}-1$）	2
unsigned int	unsigned int	0～65535，即 0～（$2^{16}-1$）	2
short [int]	short	−32768～32767，即-2^{15}～（$2^{15}-1$）	2

续表

类型标识符	简　写	数的范围	字节数
unsigned short [int]	unsigned short	0～65535，即 0～（2^{16}–1）	2
long [int]	long	–2147483648～2147483647，即–2^{31}～（2^{31}–1）	4
unsigned long [int]	unsigned long	0～4294967295，即 0～（2^{32}–1）	4

注意：一个整型常量，可以赋给能容纳下其值的整型变量。如：其值在–2^{15}～（2^{15}–1）间的整型常量，可以赋给 int 型变量和 long int 型变量；而其值在–2^{31}～（2^{31}–1）间的整型常量，就只能赋给 long int 型变量。

2.4 实型数据

2.4.1 实型常量

实型常量是指实数的集合，又称为浮点型。C 语言中的实型常量可以用以下 2 种形式表示。

1. 十进制小数形式

十进制小数形式类似于数学中的实数形式，由正负号、数字 0～9 和小数点组成，如：1.24、30.0、–2.001。注意，必须有小数点，小数点是实数的标志。

2. 指数形式

指数形式类似于数学中的指数形式。由正负号、数字 0～9、小数点和字母 E（或 e）组成，其一般形式为：

a E n（a 为十进制数，n 为十进制整数）

如：2.1E5、–2.8E–2。

2.4.2 实型变量

实型变量可分为以下 3 种类型：

（1）单精度型，以 float 表示。

（2）双精度型，以 double 表示。

（3）长双精度型，以 long double 表示。

各种实型变量数据的表示方法及所表示的范围如表 2.2 所示。

表 2.2　实型变量数据的表示方法及所表示的范围

类型标识符	有效数字	数值范围	字节数
float	6～7	10^{-37}～10^{38}	4
double	15～16	10^{-307}～10^{308}	8
long double	18～19	10^{-4931}～10^{4932}	16

2.5 字符型数据

2.5.1 字符常量

1. 字符常量

字符常量是由一对单引号括起来的单个字符，如：'a'、'b'、'='、'+'。

2. 转义字符

C 语言中存在一种特殊的字符常量，叫做转义字符。转义字符以反斜杠“\”开头，后跟一个或几个字符。转义字符具有特定的含义，不同于字符原有的意义，故称“转义”字符。在程序中，转义字符同样要用一对单引号括起来。

常用的转义字符及其功能如表 2.3 所示。

表 2.3 转义字符及其功能

转义字符	功能
\'	单引号字符 '
\"	双引号字符 "
\\	反斜杠字符 \
\a	响铃
\b	退格
\ddd	3 位八进制数代表的字符
\f	换页
\n	换行
\r	回车
\t	到下一个制表位
\xhh	2 位十六进制数代表的字符

注意：如果单引号、双引号或反斜杠本身作为字符常量时必须使用转义字符“\'”、“\"”或“\\”。

程序文本【2.3】 转义字符的使用

```
#include    "stdio.h"
main()
{   printf("\n\t\b\b");          /*换行，到下一个制表位，退两格*/
    printf("\\");                /*输出字符\*/
    printf("\n\101");            /*换行，输出八进制为 101 所代表的字符*/
}
```

结果是：

```
              \
A
```

C语言程序设计教程

2.5.2 字符变量

字符变量以 char 表示，一个字符变量占用一个字节。

字符变量用来存储字符常量。将一个字符常量存储到一个字符变量中，实际上是以 ASCII 码的形式存储到内存单元中。如：字符'a'的 ASCII 码值为 97，字符'b'的 ASCII 码值为 98，如果将其分别放在字符变量 c1 和 c2 中，实际上是在 c1 和 c2 两个内存单元放 97 和 98 的二进制代码，如图 2.2 所示。

图 2.2 字符变量在内存中的存储

字符数据在内存中存储的形式与整数相同，所以 C 语言允许字符数据与整型数据通用。也就是说，允许对整型变量赋以字符值，也允许对字符变量赋以 0～255 的整型值。在输出时，允许把字符变量按整型输出，也允许把整型变量按字符型输出。

程序文本【2.4】 字符变量的字符形式和整数形式输出

```
#include   "stdio.h"
main()
{   char c1,c2;
    c1='a';
    c2='b';
    printf("%c,%c\n", c1, c2);          /*字符形式输出变量 c1 和 c2*/
    printf("%d,%d\n", c1, c2);     /*整数形式输出变量 c1 和 c2*/
}
```

结果是：

```
a,b
97,98
```

其中，变量的输出形式取决于 printf 函数格式串中的格式字符，当格式字符为“c”时，对应输出的变量值为字符，当格式字符为“d”时，对应输出的变量值为整数。

2.5.3 字符串常量

字符串常量是由一对双引号括起的字符序列。如："CHINA"、"hello"、"12.5"。

字符串常量和字符常量是不同的量，主要有以下区别：

（1）字符常量由单引号括起来，字符串常量由双引号括起来。

（2）字符常量只能是单个字符，字符串常量则可以含一个或多个字符。

（3）可以把一个字符常量赋予一个字符变量，但不能把一个字符串常量赋予一个字符变量。在C语言中没有相应的字符串变量。可以用一个字符数组来存放一个字符串常量。

（4）字符常量占一个字节的内存空间。字符串常量占的内存字节数等于字符串中字节数加 1。增加的一个字节中存放字符"\0"(ASCII 码为 0)。这是字符串结束的标志，是系统自动加上的。如：字符串常量"hello"在内存中的实际存储为：

h e l l o \0

实际占用了6字节的空间。

2.6 变量赋初值

变量赋初值是指在定义变量的同时可以给变量进行赋值，也称为变量的初始化。

变量赋初值的一般形式为：

类型标识符 变量名=初值[，变量名2[=初值2]……]；

例如：

```
int a=1;    /*指定a为整型数据，并将1赋给变量a */
```

相当于：

```
int a;          /*指定a为整型数据*/
a=1;            /*赋值语句，将1赋给变量a*/
```

也可以同时给几个变量赋初值，例如：

```
int a=1,b=2;
```

2.7 运算符及表达式

C语言中运算符非常丰富，用运算符和各种类型的数据组成的式子称为表达式，可以实现各种运算功能。

C语言的运算符不仅具有不同的优先级，而且还有一个特点，就是它的结合性。在表达式中，各操作数参与运算的先后顺序不仅要遵守运算符优先级的规定，还要受运算符结合性的制约，以便确定是自左向右进行运算还是自右向左进行运算。

本章介绍基本运算符，如表2.4所示，其他运算符将在后面的章节中分别介绍。

表2.4 基本运算符

运算符	含义	优先级	结合性
+ –	正值运算符 负值运算符	2	自右至左
++ —	自增运算符 自减运算符	2	自右至左
* / %	乘法运算符 除法运算符 求余运算符	3	自左至右
+ –	加法运算符 减法运算符	4	自左至右
=、+=、-=、*=、/=、%=、<<=、>>=、&=、^=、|=	赋值运算符	14	自右至左
,	逗号运算符	15	自左至右

C语言程序设计教程 

2.7.1　算术运算符及算术表达式

1．算术运算符

C 语言中基本的算术运算符有 5 种：+、–、*、/、%。

+：加法运算符，或者正值运算符，如 2+3、+5。

–：减法运算符，或者负值运算符，如 5–1、–6。

*：乘法运算符，如 4*6。

/：除法运算符，如 6/3。注意：两个整数相除，其商为整数，小数部分被舍弃，如 5/2=2，但是，如果两个操作数中出现负数，则舍去小数的方向不固定，如–5/2 有的系统的结果为–2，有的系统的结果为–3；相除的数据中有实数，其商为实数。

%：求余运算符，或称为模运算符，如 5%3。该运算符两侧的数据必须要求为整型数据，运算结果为整数相除的余数。

2．算术表达式

算术表达式是指用算术运算符和操作数组成的式子。其中的操作数可以为常量、变量等。如 2+3*c、7%4*（3+1）。其中，“( )”为初等运算符，在所有运算符中的优先级最高，为 1 级。

2.7.2　自增、自减运算符及其表达式

1．自增、自减运算符

++：自增运算符，使单个变量的值增 1。

––：自减运算符，使单个变量的值减 1。

自增、自减运算符使用时可以前置，如++a、––a，也可以后置，如 a++、a––。

运算符前置时，表示先增减，后运算。即先将变量的值增 1 或减 1，然后再用变化后的值参加其他运算。

例如:

```
int a=1,b;
b=++a;
```

执行后，a 的值为 2，b 的值为 2。

运算符后置时，表示先运算，后增减。即变量先参加其他运算，然后再将变量的值增 1 或减 1。

例如:

```
int a=1,b;
b=a++;
```

执行后，a 的值为 2，b 的值为 1。

2. 自增、自减表达式

自增、自减表达式是指用自增、自减运算符和操作数组成的式子。其中，自增、自减运算符的操作数只能为变量，不能为常量或表达式。

程序文本【2.5】 自增、自减运算符的运算

```
#include  "stdio.h"
main()
{
  int i,j;
  i=3;
  j=i++;                          /*i 赋给 j,  j=3,  i 自增 1，i=4*/
  printf4("\nj=%d,i=%d",j,i);
  i=3;
  j=++i;                          /*i 自增 1，i=4，i 赋给 j，j=4*/
  printf("\nj=%d,i=%d",j,i);
  i=3;
  printf("\ni=%d",i++);           /*i=3 输出 i 的值，然后 i 自增 1，i=4*/
  printf("\ni=%d",++i);           /*i=4，i 自增 1，i=5，输出 i 的值*/
  i=3;
  printf("\n%d,%d",i++, i++);     /*运算由右至左，输出结果为 4，3，之后 i=5*/
  printf("\n%d,%d",++i, ++i);     /*开始 i=5，输出结果为 7，6，最后 i=7*/
}
```

结果是：

```
j=3,i=4
j=4,i=4
i=3
i=5
4,3
7,6
```

2.7.3 赋值运算符及赋值表达式

1. 赋值运算符

赋值运算符，即“=”，它的作用是将一个表达式的值赋给一个变量。

例如：

```
a=2;          /*将常量 2 赋给变量 a*/
b=4*2;        /*将表达式 4*2 的值赋给变量 b*/
c=c+1;        /*将表达式 c+1 的值再赋给变量 c*/
```

C语言程序设计教程

注意：

（1）被赋值的变量必须是单个变量，并且必须在赋值运算符的左边。

（2）赋值运算符“=”与数学中的等号不同。表达式 c=c+1 表示将变量 c 的值加 1 再赋给变量 c。

（3）当表达式值的类型与被赋值变量的类型不一致，但都是数值型或字符型时，系统自动将表达式的值转换成被赋值变量的数据类型，然后再赋值给变量。

2．复合赋值运算符

在赋值运算符“=”之前加上其他二目运算符即可构成复合赋值运算符。

C 语言中有 10 种复合赋值运算符：+=、-=、*=、／=、%=、<<=、>>=、&=、^=、|=。

例如：

```
a+=5;          /*将 a+5 的值赋给变量 a，等价于 a=a+5*/
b*=4+3;        /*将 b*（4+3）的值赋给变量 b，等价于 b=b*(4+3)*/
```

采用复合赋值运算符可以简化程序，提高编译效率。

3．赋值表达式

赋值表达式是指用赋值运算符和操作数组成的式子。

赋值表达式的一般形式为：

变量 赋值运算符 表达式

例如：

a=2

赋值表达式可以嵌套，并放在任何可以放置表达式的地方，例如：

a=(b=6)

其中 b=6 是一个赋值表达式，表示先将常量 6 赋给变量 b。然后再将这个赋值表达式的值赋给变量 a。任何一个表达式都有一个值，赋值表达式也不例外。被赋值变量的值就是赋值表达式的值。因此，b=6 这个表达式的值为 6。最后再将这个表达式的值 6 赋给变量 a。

2.7.4 逗号运算符及逗号表达式

1．逗号运算符

逗号运算符，即“,”，也称为顺序求值运算符，可以将多个表达式连接起来依次求值。

2．逗号表达式

逗号表达式是指用逗号运算符和其他表达式组成的式子。

逗号表达式的一般形式为：

表达式 1，表达式 2，表达式 3，…，表达式 *n*

功能：先计算表达式 1 的值，再计算表达式 2 的值，依次计算，最后计算表达式 *n* 的值。最后一个表达式的值就是此逗号表达式的值。例如：

```
a=4+5,a*4
```

先计算 a=4+5，得到 a 的值为 9，然后计算 a*4，得到 36。整个逗号表达式的值为 36。

但是，并不是任何地方出现的逗号都是逗号运算符。如函数参数也是用逗号隔开的，就不是逗号运算符。例如：

```
printf("%c，%c\n"，c1，c2);
```

其中的"c1，c2"并不是逗号表达式，是 printf 函数的 2 个参数，这里的逗号只是起到了隔开参数的作用。

2.7.5 不同类型数据间的混合运算

C 语言中整型、实型和字符型数据可以混合运算。这时需要数据从一种类型转换成另一种类型，以适应不同的数据类型间的运算。

类型转换有自动类型转换和强制类型转换两种。

1. 自动类型转换

当一个运算符两侧的操作数的数据类型不同时，则系统按"先转换、后运算"的原则，首先将数据自动转换成同一类型，然后在同一类型数据间进行运算。

数据间自动类型转换的具体规则如图 2.3 所示。

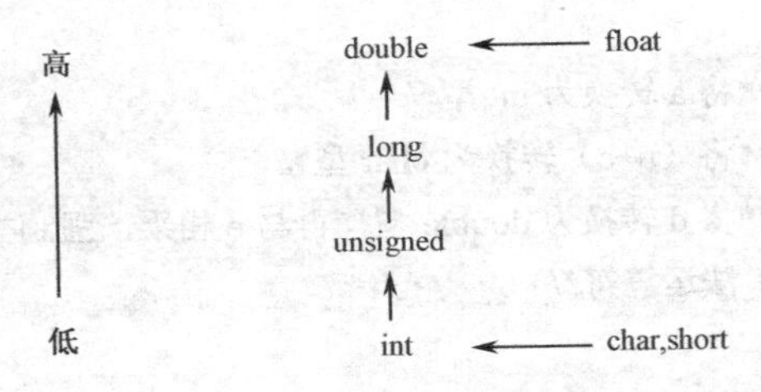

图 2.3 数据间自动类型转换的具体规则

图 2.3 中上、下两个横向向左箭头表示必然转换。也就是说，当 float 型数据在运算时一定要先转换为 double 型数据；char 和 short 型数据在运算时一定要先转换为 int 型数据。

图 2.3 中纵向向上箭头表示不同类型数据运算时转换的方向，也就是说，按由低到高方向转换为相同类型即可进行运算。例如，int 型数据与 long 型数据进行运算时，int 型数据先转换为 long 型数据，然后运算，结果为 long 型数据。注意，只要由低向高转换为相同类型数据即可，不能理解为都必须要转换为 double 型数据。

程序文本【2.6】 自动类型转换

```
#include   "stdio.h"
main()
{
   int a=1,b=2;
   char c='a';
   float d,f=2.7;
   d=(a+c)+b*f+c/b;
```

C语言程序设计教程 

```
        printf("d=%f ",d);
    }
```

结果是：

```
    d=151.400000
```

其中，表达式(a+c)+b*f+c/b 的运算次序为：

（1）进行 a+c 的运算，先将变量 c 转换成 int 型，再运算，结果为 98。

（2）由于"*"比"+"优先，进行 b*f 的运算，先将 b 和 f 都转换为 double 型，运算结果为 5.4，为 double 型。

（3）进行 c/b 的运算，先将变量 c 转换成 int 型，再运算，结果为 48。

（4）将 a+c 的结果与 b*f 的结果相加，先将 int 型转换为 double 型，运算结果为 103.4。相加的结果再与 c/b 的结果相加，同样先将 int 型转换为 double 型，运算结果为 151.4，为 double 型。

2．强制类型转换

强制类型转换是利用强制类型转换运算符将表达式的类型转换为所需类型。

强制类型转换的一般形式为：

（类型标识符） 表达式

强制类型转换运算符的优先级为 2 级。

例如：

```
    (int)  a;              /*将 a 转换为 int 型*/
    (char)(b+c);           /*将（b+c）转换为 char 型*/
    (double)d*e;           /*将 d 转换为 double 型，再与 e 相乘，强制类型转换运算符的优先级高于乘
                             法运算符*/
```

注意：

（1）强制类型转换是将变量或表达式的值转换为所需类型，但并不改变原来变量和表达式的类型属性，也就是说原来变量或表达式的类型未发生任何变化。

（2）强制类型转换运算符要用圆括号括起来，而变量定义时直接书写类型标识符，在使用时易发生混淆，应特别注意。

程序文本【2.7】 强制类型转换

```
    #include   "stdio.h"
    main()
    {
      int a,b;
      float f=5.35;
      a=(int)f;                /*将 f 转换为 int 型*/
      b=(int)(f+2);            /*将 f+2 转换为 int 型*/
      printf("a=%d, b=%d,f=%f\n",a,b,f);
    }
```

结果是：

```
a=5, b=7, f=5.350000
```

其中，f 仍为 float 型，值仍等于 5.35。

2.7.6 C 语言中的运算符见表 2.5

表 2.5 C 语言中的运算符

优先级	运算符	含义	操作数个数	结合性
1	( ) [ ] —> ·	圆括号 下标运算符 指向结构体成员运算符 结构体成员运算符		自左至右
2	! ～ ++ —— + – （类型） * & sizeof	逻辑非运算符 按位取反运算符 自增运算符 自减运算符 正值运算符 负值运算符 强制类型转换运算符 指针运算符 地址与运算符 长度运算符	1 （单目运算符）	自右至左
3	* / %	乘法运算符 除法运算符 求余运算符	2 （双目运算符）	自左至右
4	+ –	加法运算符 减法运算符	2 （双目运算符）	自左至右
5	<< >>	左移运算符 右移运算符	2 （双目运算符）	自左至右
6	< <= > >=	关系运算符	2 （双目运算符）	自左至右
7	= = ! =	等于运算符 不等于运算符	2 （双目运算符）	自左至右
8	&	按位与运算符	2 （双目运算符）	自左至右
9	^	按位异或运算符	2 （双目运算符）	自左至右
10	|	按位或运算符	2 （双目运算符）	自左至右
11	&&	逻辑与运算符	2 （双目运算符）	自左至右
12	||	逻辑或运算符	2 （双目运算符）	自左至右

C语言程序设计教程

续表

优先级	运算符	含义	操作数个数	结合性
13	？：	条件运算符	3 （三目运算符）	自右至左
14	=、+=、-=、*=、/=、%=、<<=、>>=、&=、^=、|=	赋值运算符	2 （双目运算符）	自右至左
15	，	逗号运算符		自左至右

（这里列出了C语言中所有的运算符，其中的一部分基本运算符已经介绍过，其他运算符将在后面的章节中分别介绍。）

2.8 C语言趣味程序实例2

题目：打鱼还是晒网

中国有句俗语叫“三天打鱼两天晒网”。某人从1990年1月1日起开始“三天打鱼两天晒网”，问这个人在以后的某一天中是“打鱼”还是“晒网”。

1）问题分析与算法设计

根据题意可以将解题过程分为3步：

（1）计算从1990年1月1日开始至指定日期共有多少天；

（2）由于“打鱼”和“晒网”的周期为5天，所以将计算出的天数用5去除；

（3）根据余数判断他是在“打鱼”还是在“晒网”。

若 余数为1.2.3，则他是在“打鱼”

否则 是在“晒网”

在这3步中，关键是第一步。求从1990年1月1日至指定日期有多少天，要判断经历年份中是否有闰年，二月为29天，平年为28天。闰年的方法可以用伪语句描述如下：

如果 ((年能被4除尽 且 不能被100除尽)或 能被400除尽)

则 该年是闰年

否则 不是闰年

C语言中判断能否整除可以使用求余运算（即求模）。

2）程序与程序注释

```
#include "stdio.h"
struct date{
    int year;
    int month;
    int day;
};

void main()
{
```

```
        struct date today,term;
        int yearday,year,day;
        printf("Enter year/month/day:");
        scanf("%d%d%d",&today.year,&today.month,&today.day);   /*输入日期*/
        term.month=12;                       /*设置变量的初始值：月*/
        term.day=31;                         /*设置变量的初始值：日*/
        for(yearday=0,year=1990;year<today.year;year++)
        {
            term.year=year;
            yearday+=days(term);             /*计算从 1990 年至指定年的前一年有几天*/
        }
        yearday+=days(today);                /*加上指定年中到指定日期的天数*/
        day=yearday%5;                       /*求余数*/
        if(day>0&&day<4) printf("he was fishing at that day.\n");    /*打印结果*/
        else printf("He was sleeping at that day.\n");
    }

    int days(struct date day)
    {
        static int day_tab[2][13]=
                {{0,31,28,31,30,31,30,31,31,30,31,30,31,}, /*平均每月的天数*/
                 {0,31,29,31,30,31,30,31,31,30,31,30,31,},
        };
        int i,lp;
        lp=day.year%4==0&&day.year%100!=0||day.year%400==0;
          /*判定 year 为闰年还是平年，lp=0 为平年，非 0 为闰年*/
        for(i=1;i<day.month;i++)             /*计算本年中自 1 月 1 日起的天数*/
            day.day+=day_tab[lp][i];
        return day.day;
    }
```

3）运行结果

```
Enter year/month/day:1991 10 25
                He was fishing at that day.
Enter year/month/day:1992 10 25
                He was sleeping at that day.
```

4）思考题

请打印出任意年份的日历。

2.9 本章小结

本章重点介绍了基本数据类型的定义和使用方法、数据表现形式常量和变量的使用，以及常用运算符和表达式的使用。需要掌握的知识点主要有：

1）C 语言的数据类型有基本类型、构造类型、指针类型和空类型四类。本章重点掌握基本类型中的整型、实型和字符型。

2）在程序中，数据的表现形式有常量和变量。常量是指在程序的运行过程中其值不能改变的量。变量是指在程序的运行过程中其值可以改变的量。

3）变量必须先定义后使用。变量的类型由定义语句中的类型标识符指定。变量由变量名和变量值两个要素组成。在程序中，通过变量名来引用变量的值。

4）标识符用来标识一个对象（包括变量、符号常量、函数、数组等），变量名必须符合 C 语言中标识符的命名规则：只能由字母、数字和下画线组成，且不能以数字开头；大写字母和小写字母被视为两个不同的字符；C 语言中的关键字不能用做变量名。

5）要区别字符和字符串。'a'是一个字符，"a"是一个字符串，它包括'a'和'\0'两个字符。一个字符型变量只能存放一个字符。

6）C 语言中运算符非常丰富，用运算符和各种类型的数据组成的式子称为表达式，可以实现各种运算功能。本章中学习了算术运算符、自增自减运算符、赋值运算符和逗号运算符。其中，自增自减运算符是 C 语言的一个特色，可以使程序清晰、简练，但使用起来容易出错。

7）在算术表达式中，允许不同类型的数值数据和字符数据进行混合运算。混合运算时，需要将不同类型的数据按照一定的规则转换成相同类型再进行运算。同时，允许对一个类型的数据进行强制类型转换，转换成另一个类型。

2.10 复习题

1．下面不属于 C 语言的数据类型是(　　)。

A．整型　　B．实型　　C．逻辑型　　D．双精度实型

2．下面 4 个选项中，均是合法实数的选项是(　　)。

A．2e-4.2　　B．-0.50　　C．0.2e-.5　　D．-e5

3．下列正确的字符型常量是(　　)。

A．"a"　　B．'\\\\'　　C．"\\r"　　D．277

4．下面能正确表示八进制数的是(　　)。

A．0x16　　B．029　　C．-114　　D．033

5．已知 a 为 int 型，b 为 double 型，c 为 float 型，d 为 char 型，则表达式 a+b*c-d/a 结果的类型为(　　)。

A．int 型　　B．float 型　　C．double 型　　D．char 型

6. 以下四项中属于C语言关键字的是(　　)。

A. CHAR　　B. define　　C. unsigned　　D. size

7. 在C语言系统中，假设int类型数据占2个字节，则double、long、unsigned int、char类型数据所占字节数分别是多少(　　)。

A. 8，2，4，1　　B. 2，8，4，1　　C. 4，2，8，1　　D. 8，4，2，1

8. 下面程序段执行后，k和i的值分别是(　　)。

```
int i=5,k;
k=(++i)+(++i)+(i++);
```

A. 24，8　　B. 21，8　　C. 21，7　　D. 24，7

9. 若有说明语句char ch1='\x41';则ch1(　　)。

A. 包含4个字符　　B. 包含3个字符

C. 包含2个字符　　D. 包含1个字符

10. 下列运算符中，要求运算对象必须是整数的是(　　)。

A. /　　B. *　　C. %　　D. !

11. 求下面算术表达式的值。

（1）x+a%3*(int)(x+y)%2/4 (设x=2.5,a=7,y=4.7)

（2）(float)(a+b)/2+(int)x%(int)y (设a=2,b=3,x=3.5,y=2.5)

12. 写出下面程序的运行结果：

```
#include "stdio.h"
main()
{
int i,j,m,n;
i=8;
j=10;
m=++i;
n=j++;
printf("%d,%d,%d,%d\n",i,j,m,n);
}
```

13. 字符常量与字符串常量有什么区别？

2.11 程序设计实践

1. 编写程序，将“China”译成密码。密码规律：用原来的字母后面第4个字母代替原来的字母，例如：字母“A”后面第4个字母是“E”，用“E”代替“A”。因此，“China”应译为“Glmre”并输出。

2. 编写程序，将一个3位整数256的个位、十位和百位分离后输出，输出结果为a=2，b=5，c=6。

3. 已知x=3.6，y=4.2。编写程序，求表达式x+y及(int)x%(int)(x+y)的值。

C语言程序设计教程

第3章 最简单的C程序设计——顺序程序设计

关键字

顺序结构
赋值语句
输入输出函数

C语言程序设计教程

学习了前两章的基础知识后，本章将介绍如何编写简单的 C 程序。本章首先简单介绍 C 程序的三种基本结构。然后详细学习最简单、最基本的 C 语句。并引导读者编写最简单的 C 语言程序，并为以后的深入学习打下初步的基础。

3.1 C 语句概述

一个C程序是由若干函数组成的，在一个函数的函数体中一般包括两个部分：声明部分和执行部分。执行部分是由语句组成的，程序的功能也是由执行语句实现的；声明部分的内容不称为语句，如“int a;”只是对变量的定义，不是一条 C 语句。

C 程序结构如图 3.1 所示，即一个 C 程序由若干个源程序文件组成，一个源文件由若干个函数和预处理命令以及全局变量声明部分组成，一个函数由数据声明部分和执行部分组成。

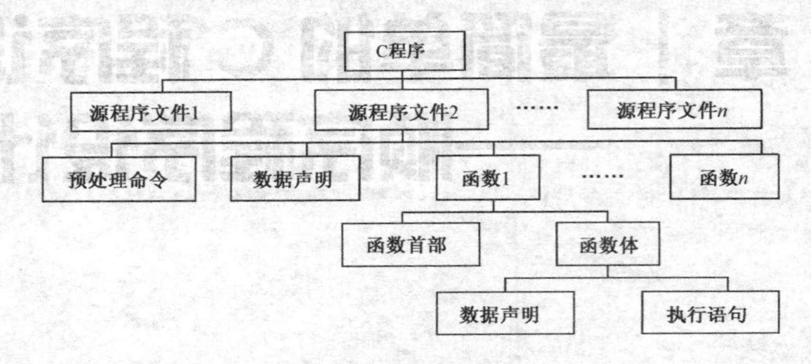

图 3.1 C 程序结构

C 语句可分为五类：控制语句、函数调用语句、表达式语句、复合语句和空语句。

1）控制语句

控制语句用于完成一定的控制功能。C 语言中有 9 种控制语句，分别是：if 语句、switch 语句、do while 语句、while 语句、for 语句、break 语句、goto 语句、continue 语句、return 语句。

2）函数调用语句

函数调用语句由函数名、实际参数加上分号组成。函数调用的一般形式为：

函数名(实际参数表);

例如：

printf("hello,world!");

是一个函数调用语句，它的功能是调用格式输出函数输出字符串"hello，world！"。

3）表达式语句

表达式语句由表达式加上分号组成。表达式语句的一般形式为：

表达式;

执行表达式语句就是计算表达式的值。例如：

x=y+z;

4）复合语句

把多个语句用大括号{}括起来组成的一个语句称复合语句。

在程序中应把复合语句看成是单条语句，而不是多条语句。

例如：

```
{
a=b+c;
x=y+z;
printf("%d%d",a,x);
}
```

复合语句内的各条语句都必须以分号“;”结尾，在大括号“}”外不能加分号。

5）空语句

只有分号“;”组成的语句称为空语句。空语句是什么也不执行的语句。在程序中空语句可用来作空循环体。

3.2 程序的三种基本结构

一个程序包含一系列的执行语句，每一个语句完成一个功能。在写程序时，要仔细考虑各语句的排列顺序，程序中语句的顺序不是任意书写而无规律的。程序可以分为三种基本结构，即顺序结构、选择结构、循环结构。这三种基本结构可以组成所有的各种复杂程序。

程序的三种基本结构可以用流程图来描述。流程图是指用来表示各种操作的一些图框，常用的流程图符号如图3.2所示。

1. 顺序结构

顺序结构程序中的语句按先后顺序逐条执行。如图3.3所示，顺序结构中的A和B两个框是顺序执行的，即在执行完A框所指定的操作后，必然接着执行B框所指定的操作。顺序结构是最简单的一种基本结构。

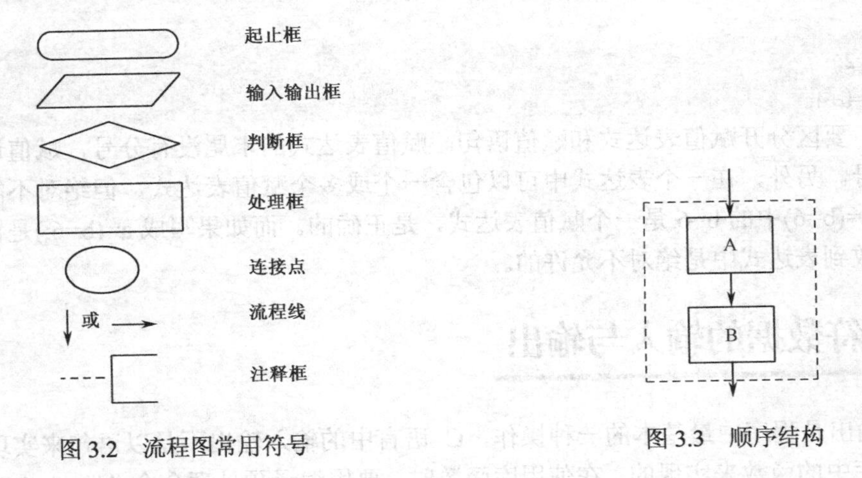

图3.2 流程图常用符号　　图3.3 顺序结构

2．选择结构

选择结构又称分支结构或判断结构。它根据是否满足给定的条件而从两组操作中选择一种操作。如图 3.4 所示，选择结构中必然包含一个判断条件 P，根据给定的条件 P 是否成立而选择执行 A 组操作还是 B 组操作。P 所代表的条件可以是“x<0”或“x>y”等。

3．循环结构

循环结构又称重复结构，即在一定条件下反复执行某一部分的操作。如图 3.5 所示，执行过程中，当给定的条件 P 成立时，执行 A 操作，执行完 A 后，再判断条件 P 是否成立，如果仍然成立，再执行 A，如此反复执行 A，直到某一次条件 P 不成立为止，此时不执行 A，脱离循环结构。

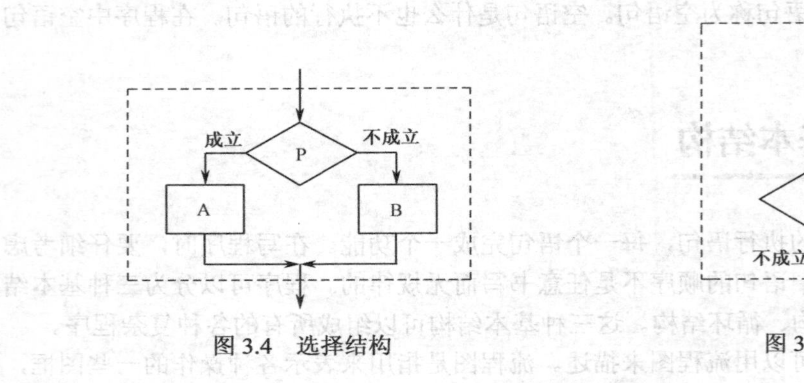

图 3.4　选择结构

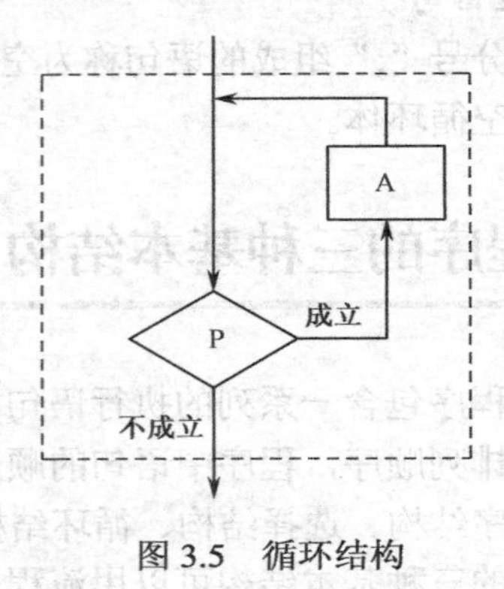

图 3.5　循环结构

3.3　赋值语句

在 C 程序中，赋值语句是用得最多的语句。赋值语句由赋值表达式加上一个分号构成。赋值语句的一般形式为：

变量 赋值运算符 表达式；

例如：

```
i=2;
a=b+4;
```

注意：要区分开赋值表达式和赋值语句。赋值表达式的末尾没有分号，赋值语句的末尾必须有分号。另外，在一个表达式中可以包含一个或多个赋值表达式，但绝对不能包含赋值语句。如 a=(b=6)中的 b=6 是一个赋值表达式，是正确的。而如果写成 a=(b=6;)是错误的，将语句 b=6;放到表达式中是绝对不允许的。

3.4　字符数据的输入与输出

输入输出是程序中最基本的一种操作，C 语言中的输入输出不是以语句来实现的，而是由 C 函数库中的函数来实现的。在使用库函数时，要用编译预处理命令“#include”将有关的

“头文件”包含到用户源程序中。例如，在使用标准输入、输出库函数时，要用到“stdio.h”文件，因此文件开头应使用下面的编译预处理命令：

include "stdio.h"

本节中先介绍最简单的输入输出，即只输入输出一个字符。C 函数库中提供了输出一个字符的函数 putchar 和输入一个字符的函数 getchar。

3.4.1　putchar 函数

字符输出函数 putchar 是向显示器输出一个字符。

putchar 函数的一般形式为：

putchar(ch)

其中，ch 可以是字符常量、字符变量或转义字符，也可以是整型常量、整型变量。因为，在程序中字符数据和整型数据是相通的，但注意整型数据应在字符的 ASCII 码值范围内。

注意： putchar 函数只能用于单个字符的输出，且一次只能输出一个。

程序文本【3.1】　输出字符

```
#include   "stdio.h"
main()
{
  char a,b,c;
  a='B';
  b='O';
  c='Y';
  putchar(a);                /*向显示器输出变量 a*/
  putchar(b);                /*向显示器输出变量 b*/
  putchar(c);                /*向显示器输出变量 c*/
  putchar('\n');             /*向显示器输出换行符*/
  putchar('a');              /*向显示器输出常量 a*/
  putchar('b');              /*向显示器输出常量 b*/
}
```

结果是：

```
BOY
ab
```

3.4.2　getchar 函数

字符输入函数 getchar 是用键盘输入一个字符。

getchar 函数的一般形式为：

getchar()

getchar 函数没有参数，函数的值就是从输入设备得到的字符。

注意： getchar 函数只能接收一个字符，如果想输入多个字符就要用多个 getchar 函数。

C语言程序设计教程

程序文本【3.2】 输入字符

```
#include  "stdio.h"
main()
{
  char a,b,c;
  a= getchar();           /*用键盘输入一个字符，送给变量a*/
  b= getchar();           /*用键盘输入一个字符，送给变量b*/
  c= getchar();           /*用键盘输入一个字符，送给变量c*/
  putchar(a);             /*向显示器输出变量a*/
  putchar(b);             /*向显示器输出变量b*/
  putchar(c);             /*向显示器输出变量c*/
}
```

结果是：

```
BOY↙        （连续输入BOY后，按回车，字符才送到内存中的存储单元）
BOY         （输出变量a，b，c的值）
```

3.5 格式的输入与输出

上节中先介绍一个字符的输入输出，而实际上在程序中还需要输入输出其他各种类型的数据。C 函数库中提供了格式输入输出函数用于各种类型的数据的输入输出。在进行输入输出时，必须根据数据的不同类型指定输入输出数据的不同格式。

3.5.1 printf 函数

格式输出函数 printf 是按照指定的格式，向显示器输出若干个任意类型的数据。

printf 函数的一般形式为：

printf（格式控制，输出列表）

例如：

printf("a=%d \n ",a)

括号内包括两部分：

（1）“格式控制”是用双引号括起来的一个字符串，它包括三种信息：普通字符、转义字符和格式声明。

普通字符就是需要原样输出的字符，如上面函数中的“a=”。

转义字符用来实现指定的功能，如上面函数中的“\n”就是转义字符，输出时实现换行的功能。

格式声明由“%”和格式字符组成，如上面函数中的“%d”。它的作用是将输出的数据转换为指定的格式输出。格式声明总是由“%”字符开始的。一般形式为：%[标志] [宽度] [精度] [长度][类型]。

常用的标志字符、宽度字符、精度字符、长度字符和类型转换字符如表 3.1～表 3.5 所示。

表 3.1　printf 函数的常用标志字符

标志字符	功　能
-	左对齐，右边补空格。默认时为右对齐，左边补空格
+	输出的结果总是带有符号(正号或负号)

表 3.2　printf 函数的常用宽度字符

宽度字符	功　能
m(正整数)	指定输出结果的宽度。若超长，则按实际宽度输出；若不足，则补空格
0m(正整数)	指定输出结果的宽度。若实际长度不足，则左端补 0

表 3.3　printf 函数的常用精度字符

精度字符	功　能
.n	对于浮点数，表示输出的小数位数；对于字符串，表示截取的字符个数

表 3.4　printf 函数的常用长度字符

长度字符	功　能
h	用于短整型数据
l	用于长整型数据

表 3.5　printf 函数的常用类型转换字符

数据类型	类型转换字符	功　能
整型	d,i	以十进制形式输出带符号整数(正数不输出符号)
	o	以八进制形式输出无符号整数(不输出前缀 0)
	x 或 X	以十六进制形式输出无符号整数(不输出前缀 Ox)
	u	以十进制形式输出无符号整数
字符型	c	输出单个字符
	s	输出字符串
实型	f	以小数形式输出单、双精度实数
	e 或 E	以指数形式输出单、双精度实数
	g 或 G	选用%f 或%e 格式中输出宽度较短的一种格式

(2)“输出列表”是需要输出的一些数据，可以是常量、变量或表达式。

程序文本【3.3】　输出各种类型的数据

```
#include "stdio.h"
main()
{
```

```
int a=12 , b=34 ;
float x=1.23456 , y=-123.456;
char c='a' ;
long l=1234567 ;
printf("%d%d\n" , a , b) ;
printf("%-3d%3d\n" , a , b) ;          /*左对齐输出 a，右对齐输出 b*/
printf("%8.2f,%8.2f,%.4f,%.4f\n" , x , y , x , y) ;
/*%8.2f 表示数据 x 占 8 位，小数点后取两位，右对齐*/
printf("%c,%d,%o,%x\n" , c , c , c , c) ;   /*以字符、整型等形式输出 c */
printf("%ld,%lo,%x \n" , l , l , l , l) ;
printf("%s,%5.3s\n" , "CHINESE" , "CHINESE") ;
/*%5.3s 表示常量"CHINESE"共占 5 位，截取字符个数为 3 位，右对齐*/
}
```

结果是：

```
1234
12  34
1.23,   −123.46,1.2346,−123.4560
a, 97, 141, 61
1234567, 4553207, d687
CHINESE,  CHI
```

3.5.2 scanf 函数

格式输入函数 scanf 是接受从键盘输入的数据，按照指定的格式赋给变量。

scanf 函数的一般形式为：

scanf (格式控制，地址列表)

例如：

scanf ("%d ",&a)

“格式控制”的含义同 printf 函数。“地址列表”是由若干个地址组成的，可以是变量的地址，或者是数组的地址。变量的地址用变量名前面加取地址运算符“&”表示，数组的地址用数组名表示。如上面函数中的“&a”，表示变量 a 在内存中的地址。

程序文本【3.4】 输入各种类型的数据

```
#include  "stdio.h"
main()
{
  int a,b;
  printf("input a,b:\n");
  scanf("%d%d ",&a,&b);            /*输入 a,b 的值*/
  printf("a=%d,b=%d",a,b);
}
```

结果是：

```
input a,b:
3 4↙          （输入a,b的值，数据间以空格隔开，最后以回车结束）
a=3,b=4       （输出a,b的值）
```

在进行数据输入时，要注意以下几点：

（1）当输入的数据多于一个时，如果两个格式声明之间不指定某个普通字符（例如逗号、冒号等）作为数据分隔符，则必须使用默认分隔符（空格、Tab键和回车键）分开。例如：

```
scanf("%d%d ",&a,&b);
```

假设给a输入3，给b输入4，则正确的输入操作为：

```
3␣4↙
```

或者：

```
3↙
4↙
```

（2）当“格式控制字符串”中出现普通字符时，这些普通字符必须原样输入。例如：

```
scanf("%d,%d ",&a,&b);
```

两个格式声明之间的逗号是普通字符，必须原样输入，所以正确的输入操作为：

```
3,4↙
```

又如：

```
scanf("a=%d,b=%d ",&a,&b);
```

其中的“a=”、“,”和“ b=”都是普通字符，必须原样输入，所以正确的输入操作为：

```
a=3,b=4↙
```

（3）输入字符时不加单引号，输入字符串时不加双引号。

（4）在用“%c”格式声明输入字符时，空格字符和转义字符都作为有效字符输入。例如：

```
scanf("%c%c ",&m,&n);
```

假设给m输入a，给n输入b，则正确的输入操作为：

```
ab↙
```

若在两个字符间插入空格就会将字符“a”给m，字符空格给n，接收到错误的输入结果。

（5）在输入数值数据时，空格、Tab键、回车键或遇非法输入，则认为该数据结束。例如：

```
scanf("%d ",&a);
```

假设输入12c3↙，则相当于给a输入12，后面的“c”为非法字符，使得输入终止。

（6）在Turbo C环境中输入long数据时，在“%”和“d”之间必须加“l”；输入double型数据时，在“%”和“f”或“e”之间必须加“l”，否则得不到正确数据。

（7）在scanf函数中的格式字符前可以用一个整数指定输入数据所占宽度，但不可对实型数据指定小数位的宽度。例如：

```
scanf("%3d,%d ",&a, &b);
```

假设输入1234,5678↙，相当于给a输入123，给b输入5678。

3.6 C 语言趣味程序实例 3

题目：抓交通肇事犯

一辆卡车违反了交通规则，撞人后逃逸。现场三人目击该事件，但都没有记住车号，只记住了一些特征。甲说：车号的前两位数字是相同的；乙说：车号的后两位数字是相同的，但与前两位不同；丙说：4 位车号正好是一个整数的平方。请根据上述特征编写程序协助警方找出肇事车牌号码。

1）问题分析与算法设计

按照题目的要求造出一个前两位数相同、后两位数相同且相互间又不同的整数，然后判断该整数是另一个整数的平方。

2）程序说明与注释

```
#include   "math.h"
main()
{ int i,j,k,c;
   for (i=1;i<=9;i++)
      for (j=1;j<=9;j++)
      if (i!=j) {
        k=i*1000+i*100+j*10+j;
          for(c=31;c*c<k;c++);
          if(c*c==k)printf("lorry-No. is %d.\n",k);
        }
   }
```

3）运行结果

```
lorry-No. is 7744.
```

4）思考题

模拟机动车选号。

3.7 本章小结

本章简要介绍了 C 程序的三种基本结构及 C 语句的分类。并详细介绍了其中的赋值语句。最后重点介绍了 4 个输入输出函数。需要掌握的知识点主要有：

（1）一个具有良好结构的程序由三种基本结构构成：顺序结构、选择结构、循环结构。由这三种基本结构组成的程序结构合理，思路清晰，容易理解，便于维护。本章中介绍的赋值语句和输入输出语句是顺序结构中最基本的语句。

（2）C 语句可分为 5 类：控制语句、函数调用语句、表达式语句、复合语句和空语句。

（3）赋值语句是由赋值表达式加一个分号组成的。C 语言中的计算功能主要是由赋值语句来实现的。

（4）在C程序中，数据的输入输出主要通过函数库中的输入输出函数来实现，其中包括：输出一个字符的putchar函数、输入一个字符的getchar函数、输出各种类型数据的printf函数和输入各种类型数据的scanf函数。

（5）printf函数和scanf函数中双引号中的部分称为格式控制。包括三种信息：普通字符、转义字符和格式声明。普通字符是需要原样输出输入的字符。转义字符用来实现指定的功能。格式声明由“%”和格式字符组成，格式字符用来指定各种输出输入格式。

3.8 复习题

1．下面合法的赋值语句是(　　)。

A．x+y=2002;　　B．ch="green";　　C．x=(a+B)++;　　D．x=y=0316;

2.复合语句应用(　　)括起来。

A．圆括号　　B．方括号　　C．大括号　　D．尖括号

3.putchar函数可以向屏幕输出一个(　　)。

A．整型变量值　　B．浮点型变量值　　C．字符串　　D．字符或字符变量值

4.若int a , b , c；则为它们输入数据的正确输入语句是(　　)。

A．read(a , b , c);

B．scanf(" %d %d %d " ,a , b ,c);

C．scanf(" %d%d%d",&a , &b , &c);

D．scanf(" &d &d &d ",&a , &b , &c);

5．执行语句：printf(" | %10.5f | \n",12345.678);的输出是(　　)。

A．|2345.67800|　　B．|12345.6780|　　C．|12345.67800|　　D．|12345.678|

6．有以下程序段：

```
int a=1234;
printf("%2d\n",a);
```

其输出结果是(　　)。

A．12　　B．34　　C．1234　　D．输出宽度不足，无结果

7．执行下面程序时，欲将25和2.5分别赋给a和b，正确的输入方法是(　　)。

```
int a;
float b;
scanf("a=%d,b=%f",&a,&b);
```

A．25　2.5　　B．25,2.5　　C．a=25,b=5.5　　D．a=25　b=2.5

8．执行下面程序段，给x、y赋值时，不能作为数据分隔符的是(　　)。

```
int x,y;
scanf("%d%d",&x,&y);
```

A．空格　　B．Tab键　　C．回车　　D．逗号

9.执行以下程序段后的输出结果是(　　)。

```
int x=0xcde;
printf("%4d，%4o,%4x\\n",x,x,x);
```

A．3294,6336,cde

B．3294,6336,xcde

C．3294,06336,0xcde

D．3294,6336,0cde

10．若 a 为 int 类型，且 a=17，执行下列语句后的输出是(　　)。

```
printf(" %d , %o , %x \n ",a,a+1,a+2)
```

A．17,21,11　　B．17,22, 13　　C．17,21,13　　D．17,22,11

11．执行下列程序，按指定方式输入，能否得到指定的输出结果？若不能，请修改程序，使之能得到指定的输出结果。

输入：2 3 4↙

输出：

a = 2 , b = 3 , c = 4

x = 6

y = 24

程序：

```
#include "stdio.h"
main( )
{
int a , b, c ,x ,y;
scanf(" %d , %d , %d ", a , b , c);
x = a*b ;
y = x*c;
printf(" %d %d %d ",a , b ,c);
printf(" x=%f\n ",x , " y=%f\n" , y);
}
```

3.9　程序设计实践

1．已知银行定期存款的年利率 rate 为 2.25%，并已知存款期为 n 年，存款本金为 capital 元，编写程序，计算 n 年后的本利之和 deposit。要求定期存款的年利率 rate、存款期 n 和存款本金 capital 均由键盘输入。

2．已知圆半径为 r，编写程序，求圆的周长和面积。要求圆的半径 r 由键盘输入。

3．编写程序，输入一个华氏温度，要求输出摄氏温度，公式为 C=5/9(F−32)，输出结果取两位小数。

4．已知 a=3,b=4,c=5,x=1.2,y=2.4,z= −3.6,u=51274,n=128765,c1='a',c2='b'。编写程序，使程序能得到以下的输出格式和结果。

```
a= 3    b= 4    c= 5
x=1.200000,y=2.400000,z=-3.600000
x+y= 3.60    y+z= −1.20    z+x= −2.40
u= 51274    n=      128765
c1='a' or 97(ASCII)
c2='b' or 98(ASCII)
```

C语言程序设计教程

第4章 | 选择结构程序设计

关键字

if 语句
if 语句嵌套
switch 语句

运算符

\> < >= <= != == ! && || ?:

选择结构是一种应用非常广泛的程序控制结构，是计算机科学用来描述自然界和社会生活中分支现象的手段。其特点是：根据所给定选择条件为真（即分支条件成立）与否，决定从各实际可能的不同操作分支中执行某一分支的相应操作，并且任何情况下恒有“无论分支多寡，必择其一；纵然分支众多，仅选其一”的特性。在本章里，读者将学到C语言实现选择结构程序设计的基本方法、选择结构的实现语句（if语句、switch语句）。

4.1 关系运算符及其表达式

关系运算是对两个运算对象进行大小关系的比较运算。C语言的关系运算符共有6个，如表4.1所示。

表4.1 关系运算符

关系运算符	名 称
>、>=、<、<=	大于、大于等于、小于、小于等于
==、!=	等于、不等于

注意：在C语言中，“等于”关系运算符是双等号“==”，而不是单等号“=”（赋值运算符）。

关系运算符中>、>=、<、<=优先级相同，高于相同级别的==、!=。运算方向自左向右。

由关系运算符组成的表达式称为关系表达式。关系表达式的一般形式为：

表达式 关系运算符 表达式

例如：a>4

a+b<c-d

x==y

关系表达式的值有“真”和“假”两种，由于C语言中没有逻辑型数据，因此用“1”和“0”分别表示逻辑真和逻辑假。例如：

3>2的值为“真”，即为1。

5>4==2的值为“假”，即为0。

程序文本【4.1】 关系表达式示例

```
#include "stdio.h"
main()
{
  int a,b,c,d,e;
  c=2;
  d=4;
  e=6;
  a=c>d;
  b=d<e;
  printf("a=%d,b=%d",a,b);
}
```

程序运行结果：

```
a=0,b=1
```

4.2 逻辑运算符及其表达式

4.2.1 逻辑运算符

C语言中提供了三种逻辑运算符，如表4.2所示。

表4.2 逻辑运算符

逻辑运算符	名　称
!	逻辑非
&&	逻辑与
||	逻辑或

逻辑非的优先级别最高，逻辑与次之，逻辑或最低。运算方向自左向右。

逻辑运算符与其他运算符的优先级从高到低依次是：逻辑非（!）、算术运算符、关系运算符、逻辑与（&&）、逻辑或（||）、赋值运算符。

4.2.2 逻辑表达式

由逻辑运算符组成的表达式称为逻辑表达式。例如：

! a

b&&c

2||d

逻辑表达式的值为1（结果为“真”时）和0（结果为“假”时）。逻辑值的运算规则可以用真值表来说明，如表4.3所示。

表4.3 真值表

操作数a	操作数b	!a	a&&b	a||b
非0	非0	0	1	1
非0	0	0	0	1
0	非0	1	0	1
0	0	1	0	0

从表4.3中可以看出，对于逻辑与运算来说，只有当a和b的值全为真时，a&&b的值才是真。而对于逻辑或运算来说，a和b中只要有一个真值，a||b的值就为真。

注意：

（1）对于运算对象，C语言规定，当运算对象为0时，即判定其为假，当运算对象为非0

C语言程序设计教程

的任何值时，即判定其为真。例如：m=0,n=3，则 m&&n 等于 0，m||n 等于 1。

（2）C 语言规定：在由&&和||运算符组成的逻辑表达式中，只对能够确定整个表达式值所需要的最少数目的子表达式进行计算。也就是说，当计算出一个子表达式的值之后便可确定整个逻辑表达式的值时，后面的子表达式就不需要再计算了，整个表达式的值就是该子表达式的值。例如：a=3,b=4,c=3,d=3 则表达式(c=a>b)&&(d=b>a)是一个由&&组成的逻辑表达式，从左至右计算两个子表达式，只要有一个为 0，就不再计算其他子表达式。当计算 c 的值为 0 时，便可确定整个表达式的值为 0，因此后面的子表达式就不再计算了。所以，结果 c 的值为 0，d 的值 3。

程序文本【4.2】　逻辑表达式示例

```
#include "stdio.h"
main()
{
 int x,y,m,n;
 x=3;
y=7;
m=9;
printf("%d\n",x+y>m&&x==y);
printf("%d\n",x||y+m&&y-m);
printf("%d\n",!(x+y)||m-1&&y+m/2);
}
```

程序运行结果：

```
0
1
1
```

4.3 if 语句

实现选择结构最常用的方法是采用 if 语句。它根据给定的条件进行判断（真或假），以决定执行某个分支程序段。C 语言提供了 3 种基本的 if 语句形式。

4.3.1 if 语句的三种形式

1．单分支结构

这是一种最简单的 if 形式，格式为：

```
if(表达式)
{
语句序列;
}
```

执行过程如图 4.1 所示。如果表达式的值为真，则执行其后的语句，否则跳过该 if 的语句，直接执行下一条语句。

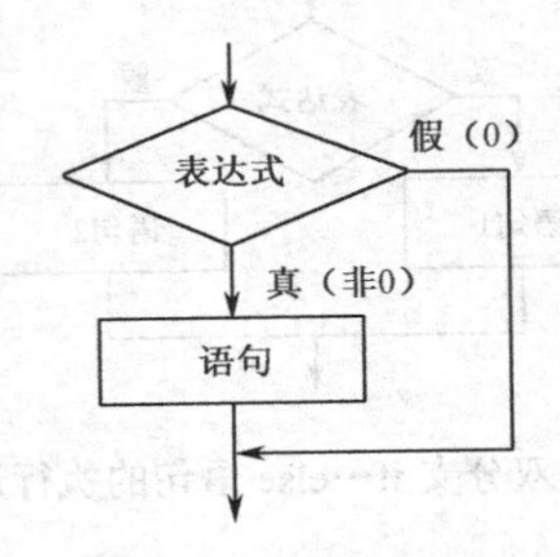

图 4.1　单分支 if 语句的执行过程

程序文本【4.3】 输入两个实数，按从小到大的顺序输出这两个数。

```
#include   "stdio.h"
main()
{
  float x,y,t;
  printf("请输入两个实数（x,y）: ");
  scanf("%f,%f",&x,&y);
  if(x>y)
     {t=x;x=y;y=t;}
  printf("%5.2f,%5.2f",x,y);
}
```

程序运行结果：（运行 2 次）：

```
请输入两个实数（x,y）:32,45↙
32.00,45.00
请输入两个实数（x,y）:45,32↙
32.00,45.00
```

从运行结果可以看出，只有“x>y”为真时才执行复合语句“{t=x;x=y;y=t;}”，当程序只需实现单分支选择时，就可以使用这种形式的 if 语句来完成。

2．双分支 if…else 语句

这是一种使用比较频繁的条件语句，格式为：

```
if(表达式)
 {
语句序列 1;
 }
else
 {
语句序列 2;
 }
```

执行过程如图 4.2 所示。如果表达式的值为“真”，则执行语句 1，否则执行语句 2。

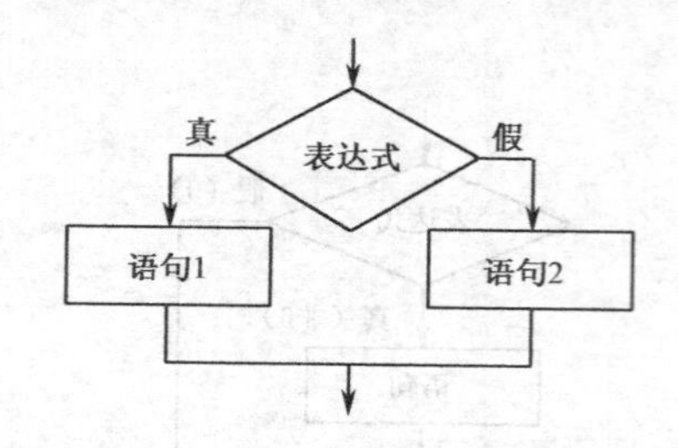

图 4.2　双分支 if…else 语句的执行过程

程序文本【4.4】　输入一名学生的 C 语言成绩，判断是否及格。

```
#include "stdio.h"
main()
{
  int x;
  printf("请输入一名学生的 C 语言成绩：\n");
  scanf("%d",&x);
  if(x>=60)
    printf("及格\n");
  else
  printf（"不及格\n"）;
}
```

程序运行结果：（运行 2 次）：

```
请输入一名学生的 C 语言成绩：
89↙
及格
请输入一名学生的 C 语言成绩：
58↙
不及格
```

执行本程序时，当输入的成绩大于等于 60 时，执行 if 后面的语句，输出“及格”；当输入的成绩小于 60 时，执行 else 后面的语句，输出“不及格”。对于选择结构程序只能执行 if 后面的语句或者 else 后面的语句，绝对不可能同时执行两个分支。

3．多分支 if…else…if 语句

这种多分支语句其实是固定在 else 分支下嵌套着另一个 if…else 语句，格式为：

```
if (表达式 1)
  语句序列 1;
else  if（表达式 2）
        语句序列 2;
     else    if（表达式 3）
```

语句序列 3;

…

else if（表达式 *n*）

语句序列 *n*;

else

语句序列 *n*+1;

执行过程如图 4.3 所示。程序先判断表达式 1 的值，当其结果为“真”时，则执行语句 1；否则判断表达式 2 的值，当其值为“真”时，则执行语句 2；否则判断表达式 3 的值，当其值为“真”时，则执行语句 3；否则接着进行判断，依此类推，直到找到结果为“真”的表达式，并执行与之相关的语句。如果经过判断，所有的表达式都为“假”，那么就执行最后一个 else 之后的语句。

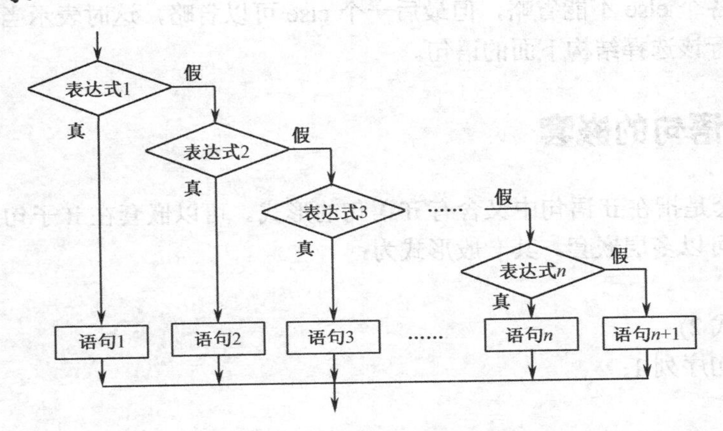

图 4.3 多分支 if…else…if 语句的执行过程

程序文本【4.5】 现有一分段函数，输入任意一个 *x* 值，输出对应的 y 值。

$$y=\begin{cases}x+3 & (x<3)\\ x & (x=3)\\ x-3 & (x>3)\end{cases}$$

```
#include "stdio.h"
main()
{
  int x,y;
  printf("\n 请输入 x 的值：");
  scanf("%d",&x);
  if(x<3)
    y=x+3;
  else
    if(x==3)
      y=x;
    else
```

C语言程序设计教程

```
    y=x-3;
  printf("x=%d,y=%d",x,y);
}
```

程序运行情况如下（运行 3 次）：

```
请输入 x 的值：2↙
x=2,y=5
请输入 x 的值：3↙
x=3,y=3
请输入 x 的值：4↙
x=4,y=1
```

在应用 if…else…if 多分支结构时，应注意每个 else 是和其前面最近的 if 配对使用的。一般来讲，中间的各个 else 不能省略，但最后一个 else 可以省略，这时表示当所有的表达式的值都为假时，执行该选择结构下面的语句。

4.3.2 if 语句的嵌套

if 语句的嵌套是指在 if 语句中又含有 if 语句的形式。可以嵌套在 if 子句中，也可以嵌套在 else 子句中，可以多层嵌套。其一般形式为：

```
if(表达式 1)
    if(表达式 2)
        语句序列 1；
    else
        语句序列 2；
else
    if(表达式 3)
        语句序列 3；
    else
        语句序列 4；
```

在 if 语句的嵌套结构中并不需要对称，可以根据实际情况只有上面格式中的一部分，并且可以进行 if 语句的多重嵌套。

程序文本【4.6】 从键盘输入 3 个数，如果这 3 个数能构成一个三角形，则输入该三角形的形状信息（等边、等腰、任意三种情况）。

```
#include "stdio.h"
main()
{
  float a,b,c;
  printf("\n 请输出 a,b,c 的值：");
  scanf("%f,%f,%f",&a,&b,&c);
  if(a>0&&b>0&&c>0&&a+b>c&&b+c>a&&a+c>b)
```

```
        if(a= =b&&b= =c)
            printf("等边三角形！\n");
        else
            if(a= =b||b= =c||a= =c)
                printf("等腰三角形！\n");
            else
                printf("任意三角形！\n");
    else
        printf("不能构成三角形！\n");
}
```

程序运行情况如下（运行4次）：

```
请输入a,b,c的值：6，6，6↙
等边三角形！
请输入a,b,c的值：6，6，8↙
等腰三角形！
请输入a,b,c的值：6，7，8↙
任意三角形！
请输入a,b,c的值：2，3，6↙
不能构成三角形！
```

4.3.3 条件运算符

条件运算符"？："是C语言中唯一的一个三目运算符，要求3个运算对象同时参加运算。条件表达式的语法格式为：

表达式1？表达式2：表达式3

其运算规则为：如果表达式1为"真"，则求解表达式2的值，并将其作为整个条件表达式的值；否则就求解表达式3的值，并将其作为整个条件表达式的值。

例如：
```
int a,b,max;
a=3;
b=4;
a>b?max=a:max=b
```

执行时先判断a和b的大小，a的值是3，b的值是4，"a>b"的值为"假"，执行表达式"max=b"，所以最后max的值为4。

通常可以用前面介绍的if语句来改写，上例中的条件表达式可改写为：

```
if(a>b)
    max=a;
else
    max=b;
```

注意：条件运算符的结合方向为自右至左，优先级仅高于赋值运算符，低于逻辑运算符、关系运算符、算术运算符。

C语言程序设计教程

4.4 switch 语句

我们在解决实际问题时，经常要用到多分支的选择。虽然用 if 语句的嵌套格式可以实现，但有时不太方便、简洁，C 语言提供了一个用于多分支的 switch 语句，用它来解决多分支问题更加方便有效。

其一般形式为：

```
switch(表达式)
{
    case 常量表达式 1:    语句组 1;
    case 常量表达式 2:    语句组 2;
        ⋮
    case 常量表达式 n:    语句组 n;
    default          :    语句组 n+1;
}
```

其执行过程为：将“表达式”的值与“常量表达式”的值依次进行比较，当发现了某个匹配的值时，就执行该 case 后面的语句，直到遇到 break 语句或 switch 语句结束的“}”为止。

如果没有匹配的值，则执行 default 后面的语句。

注意：

① switch 后面的表达式，可以为任何类型，但必须与常量表达式类型匹配。

② 每一个 case 的常量表达式的值必须互不相同，否则就会出现互相矛盾的现象。

③ 各个 case 和 default 的出现次序不影响执行结果。

④ case 后面的语句块可以不要花括号。

⑤ 在 switch 分支结构中，如果对表达式的多个取值都执行相同的语句组，则对应的多个 case 语句可以共同使用同一个语句组。

⑥ 如果在相匹配的 case 的语句块中没有 break 语句，那么程序将从此开始，一直执行到 switch 语句结束，或者直到遇到 case 子句中的 break 语句，才跳出 switch 结构。

程序文本【4.7】 为某运输公司编制计算运费的程序。运行程序时，由用户输入运输距离 s 和运量 w，程序输入单价 p 和总金额 t。运费标准为：

当 s<1000km 时，没有优惠，单价为 6 元/（t · km）；

当 1000km≤s<2000km 时，优惠 5%；

当 2000km≤s<3000km 时，优惠 8%；

当 3000km≤s<5000km 时，优惠 10%；

当 s≥5000km 时，优惠 12%；

```
#include "stdio.h"
main()
{
  int s,w,g;
```

```
    float p,t;
    printf("请输入距离 s 和运量 w 的值：");
    scanf("%d, %d",&s,&w);
    g=s/1000;
    switch(g)
    {
      case 0:   p=6;break;
      case 1:   p=6*0.95;break;
      case 2:   p=6*0.92;break;
      case 3:
      case 4:   p=6*0.90;break;
      defalt:   p=6*0.88;break;
    }
    t=p*s*w;
    printf("单价 p 是%.3f\n 总价 t 是%.3f\n",p,t);
}
```

程序运行结果：

```
请输入距离 s 和运量 w 的值：900,100↙
单价 p 是 6.000
总价 t 是 540000.000
请输入距离 s 和运量 w 的值：3500,100↙
单价 p 是 5.400
总价 t 是 1890000.000
```

4.5 程序举例

【例 1】 输入年份，判断是否为闰年。

分析：能被 4 整除但不能被 100 整除或能被 400 整除的年份为闰年。

```
#include "stdio.h"
main()
{
    int year;
    printf("\n 请输入年份：");
    scanf("%d",&year);
    if((year%4==0&& year%100!=0)|| year%400==0)
        printf("%d 年是闰年。\n",year);
    else
        printf("%d 年不是闰年。\n",year);
}
```

程序运行结果：（运行 2 次）

```
请输入年份：1996↙
1996 年是闰年。
请输入年份：2014↙
2014 年不是闰年。
```

【例 2】 实现英寸与厘米的换算。

分析：设置一个变量 flag，用于选择换算的方向，flag 的值为 1 表示英寸换算成厘米，flag 的值为 2 表示厘米换算成英寸。

```
#include "stdio.h"
main()
{
  float y,r=2.54;
  int flag;
  printf("请输入要换算的数据和换算的方式（1.英寸→厘米，2. 厘米→英寸）：\n");
  scanf("%f,%d"，&y,&flag);
  if(flag= =2||flag= =1)
    if(flag= =1)
      printf("%8.2f 英寸=%8.2f 厘米"，y,y*r);
    else
      printf("%8.2f 厘米=%8.2f 英寸"，y,y/r);
  else
     printf("数据错误！\n");
}
```

程序运行结果：（运行 2 次）

```
请输入要换算的数据和换算的方式（1.英寸→厘米，2. 厘米→英寸）：
2，1↙
2.00 英寸=     5.08 厘米
请输入要换算的数据和换算的方式（1.英寸→厘米，2. 厘米→英寸）：
4，2↙
4.00 厘米=     1.57 英寸
```

【例 3】 某企业利润提成的规则如下：

（1）利润低于或等于 10 万元的，可提成奖金 10%；

（2）利润高于 10 万元、低于 20 万元时，低于 10 万元的部分按 10%提成，另外 10 万元可以提成 7.5%；

（3）利润高于 20 万元、低于 40 万元时，其中 20 万元按前面的方法发放，另外 20 万元可以提成 5%；

（4）利润高于 40 万元按前面的方法提成，高于部分按 3%提成。

请从键盘输入利润，输出应发的提成。

用 if 语句编写程序如下：

```
#include  "stdio.h"
main()
{
  int pf;
  float pr;
  printf("n 请输入利润总数（单位：万元）：");
  scanf("%d",&pf);
  if(pf<=10)
    pr=pf*0.10;
  else  if(pf<20)
        pr=10*0.10+(pf-10)*0.075;
     else  if(pf<40)
           pr=10*0.10+10*0.075+(pf-20)*0.05;
        else
           pr=10*0.10+10*0.075+20*0.05+(pf-40)*0.03;
  printf("\n 应发的奖金是：%f 万元。",pr);
}
```

程序运行结果：（运行 4 次）：

```
请输入利润总数（单位：万元）：5↙
应发的奖金是：0.500000 万元。
请输入利润总数（单位：万元）：13↙
应发的奖金是：1.225000 万元。
请输入利润总数（单位：万元）：25↙
应发的奖金是：2.000000 万元。
请输入利润总数（单位：万元）：60↙
应发的奖金是：3.350000 万元。
```

用 switch 语句编写程序如下：

```
#include  "stdio.h"
main()
{
  int pf;
  float pr;
  printf("\n 请输入利润总数（单位：万元）：");
  scanf("%d",&pf);
  switch(pf/10)
  {
    case  0:  pr=pf*10;break;
    case  1:  pr=10*0.10+(pf-10)*0.075;break;
    case  2:
```

C语言程序设计教程

```
        case  3:  pr=10*0.10+10*0.075+(pf-20)*0.05;break;
        default:    pr=10*0.10+10*0.075+20*0.05+(pf-40)*0.03;
      }
      printf("\n 应发的奖金是：%f 万元。", pr);
   }
```

4.6 C 语言趣味程序实例 4

题目：新娘和新郎

三对情侣参加婚礼，三个新郎为 A、B、C，三个新娘为 X、Y、Z。有人不知道谁和谁结婚，于是询问了六位新人中的三位，但听到的回答是这样的：A 说他将和 X 结婚；X 说她的未婚夫是 C；C 说他将和 Z 结婚。这人听后知道他们在开玩笑，全是假话。请编程找出谁将和谁结婚。

1）问题分析与算法设计

将 A、B、C 三人用 1、2、3 表示，将 X 和 A 结婚表示为“X=1”，将 Y 不与 A 结婚表示为“Y！=1”。按照题目中的叙述可以写出表达式：

X！=1　　　A 不与 X 结婚

X！=3　　　X 的未婚夫不是 C

Z！=3　　　C 不与 Z 结婚

题意还隐含着 X、Y、Z 三个新娘不能结为配偶，则有：

X!=Y 且 X!=Z 且 Y!=Z

穷举各种可能情况，代入上述表达式中进行推理运算，若假设的情况使上述表达式计算的结果均为“真”，则假设情况就是正确的结果。

2）程序与程序注释

```
  main()
  {
     int x,y,z;
     for(x=1;x<=3;x++)                          /*穷举 X 的全部可能配偶*/
     for(y=1;y<=3;y++)                          /*穷举 Y 的全部可能配偶*/
       for(z=1;z<=3;z++)                        /*穷举 Z 的全部可能配偶*/
         if(x!=1&&x!=3&&z!=3&&x!=y&&x!=z&&y!=z)
     {                                          /*判断配偶是否满足题意*/
     printf("X will marry to %c.\n",'A'+x-1);   /*打印判断结果*/
     printf("Y will marry to %c.\n",'A'+y-1);
     printf("Z will marry to %c.\n",'A'+z-1);
     }
  }
```

3）运行结果

```
X will marry to B.        (X与B结婚)
Y will marry to C.        (Y与C结婚)
Z will marry to A.        (Z与A结婚)
```

4.7 本章小结

C语言提供了6种关系运算符：>(大于)、>=(大于等于)、<(小于)、<=(小于)、==(等于)、!=(不等于)；提供了3种逻辑运算符：&&(逻辑与)、||(逻辑或)、!(逻辑非)。if语句的控制条件通常用关系表达式或逻辑表达式构造，也可以用一般表达式表示。

选择结构主要是通过if语句和switch语句来实现的，if语句的基本形式有三种：单分支、双分支、多分支结构。一般，采用if语句实现简单分支结构程序，用switch和break语句实现多分支结构程序。虽然用if语句的嵌套也能实现多分支结构程序，但有时用switch和break语句实现多分支结构能使程序简单明了。

4.8 复习题

一、选择题

1．设a为整型变量，不能正确表达数学关系10<a<15的C语言表达式是（　　）。

A．10<a<15　　B．a= =11 || a= =12 || a= =13 || a= =14

C．a>10&&a<15　　D．!(a<=10)&&!(a>=15)

2．为了避免嵌套的条件分支语句if…else的二义性，C语言规定：C程序中的else总是与（　）组成配对关系。

A．缩排位置相同的if　　B．在其之前未配对的if

C．在其之前未配对的最近的if　　D．同一行上的if

3．两次运行下面的程序，如果从键盘上分别输入6和3,则输出结果是（　　）。

```
int x;
scanf("%d",&x);
if(x++>5)   printf("%d",x);
else   printf("%d\n",x --);
```

A．7和5　　B．6和3　　C．7和4　　D．6和4

4．设a=1,b=2,c=3,d=4,则表达式：a<b?a:c<d?a:d的结果是（　　）。

A．4　　B．3　　C．2　　D．1

5．表达式“1?(0?3:2):(10?1:0)”的值为（　　）。

A．3　　B．2　　C．1　　D．0

6 判断char型变量ch是否为大写字母的正确表达式是（　　）。

A．'A'<=ch<='Z'　　B．(ch>='A')&(ch<='Z')

C．(ch>='A')&&(ch<='Z')　　D．('A'<=ch)AND ('Z'>=ch)

7. 能正确表达逻辑关系"a≥10 或 a≤0"的 C 语言表达式是（　　）。

A.a>=10 or a<=0　　B.a>=10||a<=0　　C.a>=10&&a<=0　　D.a>=10|a<=0

8. 下列表达式的结果正确的是（　　）。

int　a，b，c，d;

a=b=c=d=2；

d=a+1==3？b=a+2：a+3

A. 2　　B. 4　　C. 3　　D. 5

9.有以下程序：

```
#include "stdio.h"
main()
{
  int x=1,a=0,b=0;
  switch(x)
  {
    case  0:b++;
    case  1:a++;
    case  2:b++;a++;
  }
printf("a=%d,b=%d\n",a,b);
}
```

该程序的输出结果是（　　）。

A.a=2,b=1　　B. a=1,b=1　　C. a=1,b=0　　D. a=2,b=2

10. 能完成如下函数计算的程序段式（　）。

$$y=\begin{cases}-1 & (x<0)\\0 & (x=0)\\1 & (x>0)\end{cases}$$

A.
```
y=0;
if(x>=0)
  if(x>0)  y=1;
else  y=-1;
```

B.
```
y=-1;
if(x>0)  y=1;
else  y=0;
```

C.
```
y=-1;
if(x!=0)
  if(x>0)  y=1;
else  y=0;
```

D.
```
if(x>=0)
if(x>0)  y=1;
  else  y=0;
else  y=-1;
```

二、填空题

1. C 语言提供的三种逻辑运算符是（　　）、（　　）、（　　）。

2. 设有"int x=1"，则"x>0?2*x+1:0"表达式的值是______________。

3. 下面程序段的输出结果是______。

```
int  a=3;
   a+=(a<1)?a:1;
    printf("%d",a);
```

4．以下程序的输出结果是：＿＿＿＿＿＿。

```
main()
{
int a=10,b=4,c=3;
  if (a<b) a=b;
  if (a<c) a=c;
printf("%d,%d,%d",a,b,c);
}
```

5．以下程序的输出结果是：＿＿＿＿＿＿。

```
#include <stdio.h>
main()
{
int a=2,b=3,c;
     c=a;
       if (a>b) c=1;
       else if (a= =b) c=0;
          else c= -1;
       printf ("%d\n",c);
}
```

6．以下程序的输出结果是：＿＿＿＿＿＿。

```
#include <stdio.h>
main()
{
int x=3;
   switch(x)
  {
    case 1:
    case 2:printf("x<3\n");
    case 3:printf("x=3\n");
    case 4;
    case 5:printf("x>3\n");
    default:printf("x unknow\n");
    }
```

三、编程题

1．输入三个整数x、y、z，请把这三个数由小到大输出。

2．输入两个数如果是大于0的数就算出平方根，小于0就输出绝对值。

3．键盘输入任意一个数字[0～5]，输出它对应的的英文单词。

C语言程序设计教程

4．有分段函数：

$$y=\begin{cases}x^2+6 & (x>0)\\ 6 & (x=0)\\ x^2-6 & (x>0)\end{cases}$$

5．用 switch 语句编写程序，根据键盘输入的月份，输出对应季度。如输入 3，则输出“春季”。

4.9 程序设计实践

1．编写程序求一元二次方程 $ax^2+bx+c=0$ 的根。

2．编写计算器程序。用户输入运算数和四则运算符，输出计算结果。

3．编写程序，要求：输入学生某科成绩，输出其等级。成绩[90,100]为 A 等，成绩[80,89]为 B 等，成绩[60,79]为 C 等，60 分以下为 D 等。

第5章 循环的控制

关键字

while 语句
do…while 语句
for 语句

运算符

> < >= <= != ==,

C语言程序设计教程

在计算机科学中，一门好的语言应为程序流程提供下面三种模式：

- 执行语句序列（顺序）；
- 利用某个测试，选择序列（选择）；
- 重复语句序列，直到满足某个条件（循环）。

对于第一、二种模式大家已经熟悉了，在本章里，大家将学到C语言的三种循环结构：while语句、do…while语句、for语句，利用有关运算符构造表达式以便控制三种循环。

5.1 循环的概念

循环结构是结构化程序设计的基本结构之一，几乎所有实用的程序都包含循环。所谓循环就是在给定条件成立时，反复执行某程序段，直到条件不成立为止。给定的条件称为循环条件，反复执行的程序段称为循环体。C语言中提供的循环语句基本形式有以下三种：while语句、do…while语句、for语句。

5.2 while语句

while语句是一种先判断后执行的语句，属于“当型”循环结构。

格式为：

```
while(表达式)
    {
       循环体语句
    }
```

执行过程如图5.1所示，先计算表达式的值，当值为真(非0)时，执行循环体语句；否则退出循环，执行循环语句的下一条语句。因此，while循环可能不执行循环语句。

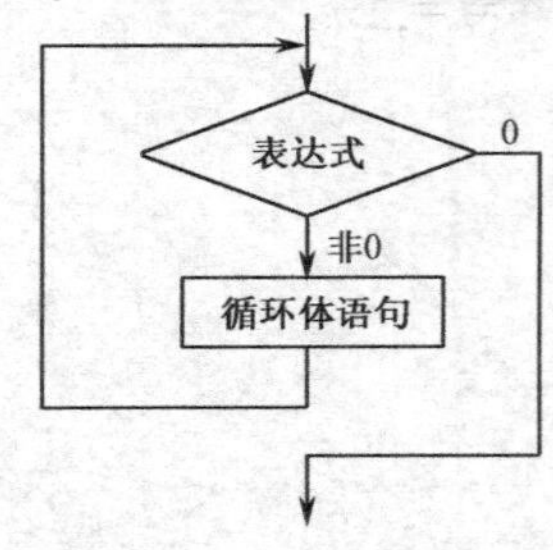

图5.1 while语句的执行过程

程序文本【5.1】 求n!。

分析：n!=1*2*3*…*（n－1）*n，这种求积可以用计算机的快速计算能力来实现，算法是比较典型的，可以用一个变量存放“积”中的“项”，它的初始值为1，每一次循环增加1，其值的变化为1，2，3，…，n－1,n。用另一个变量存放“积”的中间值，其值变化为1，1*2，1*2*3，…，1*2*3…*n。

```
#include "stdio.h"
main()
{
  int i,n;
  long t;
  i=1;t=1;
  printf("\n 请输入 n 的值：");
  scanf("%d",&n);
  while(i<=n)
  {
    t=t*i;
    i++;
  }
  printf("\nn!=%ld",t);
}
```

程序运行结果：

```
请输入 n 的值：5↙
n!=120
```

程序文本【5.2】 读入一行字母，统计其中元音字母出现的次数。

分析：将读入的一串字母，依次进行判断，若是某个元音字母则进行累加统计。

```
#include "stdio.h"
main()
{
  char c;
  int count=0;
  while((c=getchar())!='\n')
  {
    switch(c)
    {
      case 'a':
      case 'A':
      case 'e':
      case 'E':
      case 'i':
      case 'I':
      case 'o':
      case 'O':
      case 'u':
      case'U':   count++;break;
    }
```

C语言程序设计教程

```
    }
    printf("元音字母的个数为：%d",count);
}
```

程序运行结果：

```
Ashuio89kIfy↙
元音字母的个数为：5
```

5.3 do…while 语句

do…while 语句是一种先执行后判断的循环语句，属“直到型”循环结构。

格式为：

```
do
  {
    循环体语句
  }while(表达式);
```

执行过程如图 5.2 所示，它先执行循环中的语句，然后再判断表达式是否为真，如果为真则继续循环；如果为假，则终止循环。因此, do…while 循环至少要执行一次循环语句。

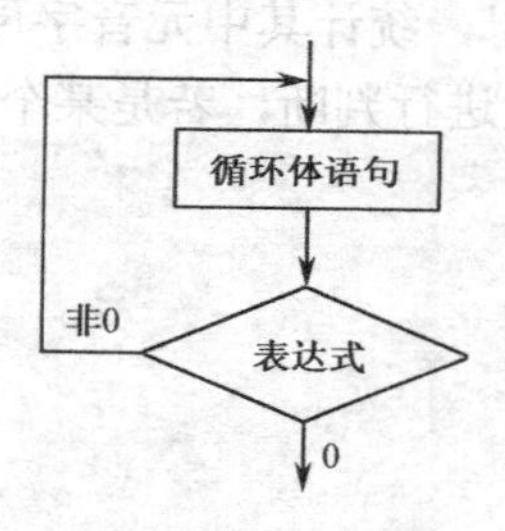

图 5.2　do…while 语句的执行过程

程序文本【5.3】　计算 2+4+6+8+…+100 的值。

```
#include "stdio.h"
main()
{
  int i=2,sum=0;
  do
  {
    sum=sum+i;
    i=i+2;
  } while(i<=100);
  pr    intf("\nsum=%d",sum);
}
```

程序运行结果：

```
sum=2550
```

程序文本【5.4】 有一分数序列：$\frac{2}{1}$，$\frac{3}{2}$，$\frac{5}{3}$，$\frac{8}{5}$，$\frac{13}{8}$，$\frac{21}{13}$……求出这个数列的前20项之和。

```
#include "stdio.h"
main()
{
    int i=0,t,n=20;
    float a=2,b=1,s=0;
    do
    {
        s=s+a/b;
        t=a;
        a=a+b;
        b=t;
        i++;
    }while(i<=20);
    printf("sum=%9.6f\n",s);
}
```

程序运行结果：

```
sum=32.660259
```

程序文本【5.5】 猴子吃桃问题。猴子第一天摘下若干个桃子，当即吃了一半，还不过瘾，又多吃了一个。第二天早上又将剩下的桃子吃掉一半，又多吃了一个。以后每天早上都吃了前一天剩下的一半零一个。到第10天早上想再吃时，见只剩一个桃子了。求第一天共摘多少桃子。

```
#include "stdio.h"
main()
{
    int day,x1,x2;
    day=9;
    x2=1;
    do
    {
        x1=(x2+1)*2;
        x2=x1;
        day--;
    }while(day>0);
    printf("total=%d\n",x1);
}
```

程序运行结果：

```
total=1534
```

C语言程序设计教程 

5.4 for 语句

for 语句是 C 语言循环中使用最灵活的一种，它既能实现计数循环也能实现非计数循环。格式为：

```
for(表达式 1; 表达式 2; 表达式 3)
{
  循环体语句
}
```

注意：

①“表达式 1”的作用是设置循环初值，一般为赋值表达式，当在 for 外部已经给循环变量赋了初值时，可以省略“表达式 1”。

②“表达式 2”是循环控制判断条件，一般为关系表达式或逻辑表达式。若省略，则认为“表达式 2”始终为真。

③“表达式 3”可用来修改循环变量的值，一般是赋值表达式。若省略，则程序设计应另外保证循环能正常结束。

其执行过程如图 5.3 所示，先计算表达式 1 的值，再计算表达式 2 的值，若为真，则执行循环体，若为假，直接跳出循环，然后计算表达式 3 的值；再次计算表达式 2 的值，若为真，再执行循环体，再计算表达式 3 的值，直到某次表达式 2 的值为假循环结束，执行循环后面的语句。

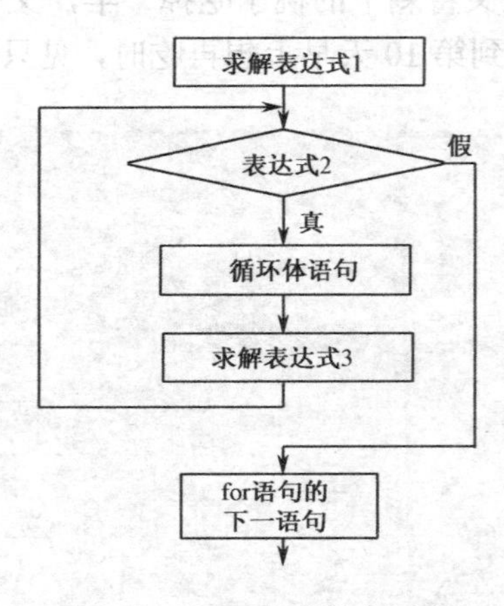

图 5.3 for 语句的执行过程

程序文本【5.6】 计算 1+3+5+7+…+99 的值。

```
#include " stdio.h"
main()
{
   int i,sum;
   sum=0;
```

```
    for(i=1;i<=99;i=i+2)
      sum+=i;
    printf("\nsum=%d",sum);
}
```

程序运行结果:

```
sum=2500
```

程序文本【5.7】 统计从键盘上输入的字符个数。

```
#include "stdio.h"
main()
{
  int n=0;
  printf("\n 请输入一串字符：");
  for(; getchar()!='\n';n++);
  printf("\n 字符个数为：%d",n);
}
```

程序运行结果:

```
请输入一串字符：I am a student.
字符个数为：15
```

程序文本【5.8】 求$\sum_{n=1}^{20} n!$（即求1+2！+3！+4！+…+20！）。

```
#include "stdio.h"
main()
{
  float s=0,t=1;
  int n;
  for(n=1;n<=20;n++)
    {
      t=t+n;
      s=s+t;
    }
  printf("1+2!+3!+4!+…+20!=%e\n",s);
}
```

程序运行结果:

```
1+2!+3!+4!+…+20!=2.561327e+18
```

请注意：s不能定义为int型，因为在Turbo C或Turbo C++等编译系统时，int型数据的范围为－32768～32767，也不能定义为long型，因为long型数据的范围为$-21\times10^8\sim21\times10^8$，也无法容纳求得的结果。

程序文本【5.9】 一球从100m高度自由落下，每次落地后反跳回原高度的一半，再落下。求它在第10次落地时，共经过多少m？第10次反弹多高？

```
#include "stdio.h"
main()
```

C语言程序设计教程

```
{
  float sn=100,hn=sn/2;
  int n;
  for(n=2;n<=10;n++)
  {
  sn=sn+2*hn;
  hn=hn/2;
  }
printf("第 10 次落地时共经过%fm。\n",sn);
printf("第 10 次反弹 0.097656m。\n",hn);
}
```

运行结果：

```
第 10 次落地时共经过 299.609375m。
第 10 次反弹 0.097656m。
```

5.5 循环的嵌套

我们在处理实际问题时，许多问题都需要用两层甚至多层循环才能解决，也就是说需要用到循环的嵌套格式来完成。所谓循环的嵌套是指在一个循环内又完整地包含了另外一个循环，即循环体本身包含循环语句。前面介绍的三种类型的循环都可以互相嵌套，循环的嵌套可以是多层，但每一层循环在逻辑上必须是完整的。表 5-1 所示都是合法形式。

表 5-1 合法形式

1	2	3	4	5	6	7	8	9
while()	while()	while()	do	do	do	for(;;)	for(;;)	for(;;)
{	{	{	{	{	{	{	{	{
⋮	⋮	⋮	⋮	⋮	⋮	⋮	⋮	⋮
While（）	for（;;）	do	While（）	do	for（;;）	While（）	do	for（;;）
{	{	{	{	{	{	{	{	{
⋮	⋮	⋮	⋮	⋮	⋮	⋮	⋮	⋮
}	}	} While	}	}	}	}	}	}
⋮	⋮	（）;	⋮	While();	⋮	⋮	While();	⋮
}	}	⋮	} while();	⋮	} while();	}	⋮	}
		}		} while();			}	

程序文本【5.10】 输出九九乘法表。

```
#include "stdio.h"
main()
{
  int i,j;
  for(i=1;i<=9;i++)
```

```
    {
      for(j=1;j<=9;j++)
        printf("%d*%d=% -4d",i,j,i*j);
      printf("\n");
    }
}
```

程序运行结果：

```
1*1=1  1*2=2   1*3=3   1*4=4   1*5=5   1*6=6   1*7=7   1*8=8   1*9=9
2*1=2  2*2=4   2*3=6   2*4=8   2*5=10  2*6=12  2*7=14  2*8=16  2*9=18
3*1=3  3*2=6   3*3=9   3*4=12  3*5=15  3*6=18  3*7=21  3*8=24  3*9=27
4*1=4  4*2=8   4*3=12  4*4=16  4*5=20  4*6=24  4*7=28  4*8=32  4*9=36
5*1=5  5*2=10  5*3=15  5*4=20  5*5=25  5*6=30  5*7=35  5*8=40  5*9=45
6*1=6  6*2=12  6*3=18  6*4=24  6*5=30  6*6=36  6*7=42  6*8=48  6*9=54
7*1=7  7*2=14  7*3=21  7*4=28  7*5=35  7*6=42  7*7=49  7*8=56  7*9=63
8*1=8  8*2=16  8*3=24  8*4=32  8*5=40  8*6=48  8*7=56  8*8=64  8*9=72
9*1=9  9*2=18  9*3=27  9*4=36  9*5=45  9*6=54  9*7=63  9*8=72  9*9=81
```

程序文本【5.11】 打印下列图形。

```
*
* *
* * *
* * * *
* * * * *
```

```
#include "studio.h"
main( )
{
  int i, j;
  for (i=1; i<=5; i++)
  { for (j=1; j<=i; j++)
     { printf ("*"); }
     pritnf("\n");
  }
}
```

5.6 break 语句和 continue 语句

5.6.1 break 语句

break 语句仅用在循环语句和 switch 语句中。在循环语句中是控制程序从循环结构中跳出，继续执行循环语句下面的语句；在 switch 语句中是控制程序跳出 switch 结构，继续执行 switch 语句下面的一个语句。

C语言程序设计教程

break 语句的一般形式为：

break;

程序文本【5.12】 计算边长 a=1 到 a=20 时正方形的面积，直到面积 area 大于 80 为止。

```
#include   "stdio.h"
main()
  {
    int a;
    int area=0;
    for(a=1;a<=20;a++)
    {
      area=a*a;
      if(area>=80)    break;
      printf("\narea=%d",area);
    }
}
```

分析：程序中 for 循环体内，当 area>80 时，执行 break 语句，提前终止循环。

程序的运行结果是：

```
area=1
area=4
area=9
area=16
area=25
area=36
area=49
area=64
```

5.6.2 continue 语句

continue 语句的作用是结束本次循环，即跳过循环体中下面尚未执行的语句，进行下一次循环判定。

continue 语句的一般形式为：

continue;

程序文本【5.13】 输出 50～70 之间不能被 7 整除的数。

分析：对 50～70 的每一个数进行测试，如该数能被 7 整除，即模运算为 0，则由 continue 语句结束本次循环转去执行下一次循环。只有模运算不为 0 时，才输出不能被 7 整除的数。

```
#include "stdio.h"
main()
{
  int n;
```

```
    for(n=50;n<=70;n++)
      {
        if(n%7= =0)
          continue;
        printf("%d\t",n);
      }
}
```

程序运行结果：

```
50  51  52  53  54  55  57  58  59  60
61  62  64  65  66  67  68  69
```

5.7 程序举例

【例 1】 斐氏数列是公元 13 世纪数学家斐波拉契发明的，即：

1，2，3，5，8，13，21，34，55，89……

请编程输出该数列前 20 项。

分析： 该数列的规律是数列前两项是 1 和 2，以后每项均为前相邻两项之和，用数学语言描述是：F(0)=1;

F(1)=2;

$F(n)= F(n-1)+ F(n-2)$ （当 $n\geqslant 2$ 时）;

现设两个变量 a、b 表示某项前两项（初值 0、1），那么从第三项开始每项（用 c 表示）均可由前两项推出。

```
#include "stdio.h"
main()
{
  int i;
  int a=1,b=2,c;
  printf("%d\t%d\t",a,b);
  for(i=1;i<=18;i++)
    {
      c=a+b;
      printf("%d\t",c);
      a=b;
      b=c;
    }
   printf("n");
 }
```

程序运行结果：

```
1     2     3     5     8     13     21     34     55     89
144   233   377   610   987   1597   2584   4181   6765   10946
```

【例 2】 打印出所有的“水仙花”数。所谓“水仙花”数是指一个 3 位数，其各位数字立方和等于该数本身。例如：153 是个“水仙花”数，因为 $153=1^3+5^3+3^3$。

```
#include "stdio.h"
main()
{
  int i=100,j,ge,shi,bai;
  printf("\n 所有的水仙花数有：");
  while(i<1000)
  {
    j=i;
    ge=j%10;
    j=j/10;
    shi=j%10;
    j=j/10;
    bai=j;
    if(i= =ge*ge*ge+shi*shi*shi+bai*bai*bai)
      printf("\n%d",i);
    i++;
  }
}
```

【例 3】 打印出用一元钱换成面值为 1 分、2 分、5 分硬币（每种硬币至少要有一个）的换法。

分析：采用穷举搜索法，思路是按某种顺序对所有的可能解逐个进行验证，从中找出符合条件的解集作为问题的最终解。常用多重循环实现，将各个变量的取值进行各种组合，对每种组合都测试是否满足给定的条件，若是则找到了问题的一个解。

```
#include "stdio.h"
main()
{
  int a,b,c;
  for(a=1;a<100;a++)
    for(b=1;b<50;b++)
      for(c=1;c<20;c++)
        if(a*1+2*b+5*c= =100)
        printf("1 元钱可换成%4d 枚 1 分硬币、%4d 枚 2 分硬币和%4d 枚 5 分硬币\n",a,b,c);
}
```

5.8 C语言趣味程序实例5

题目：谁家孩子跑最慢

张、王、李三家各有三个小孩。一天，三家的九个孩子在一起比赛短跑，规定不分年龄大小，跑第一得9分，跑第二得8分，依次类推。比赛结果各家的总分相同，且这些孩子没有同时到达终点的，也没有一家的两个或三个孩子获得相连的名次。已知获第一名的是李家的孩子，获得第二的是王家的孩子。问获得最后一名的是谁家的孩子？

1）问题分析与算法设计

按题目的条件，共有1+2+3+…+9=45，每家孩子的得分应为15分。根据题意可知：获第一名的是李家的孩子，获得第二的是王家的孩子，则可推出：获第三名的一定是张家的孩子。由“这些孩子没有同时到达终点的”可知：名次不能并列，由“没有一家的两个或三个孩子获得相连的名次”可知第四名不能是张家的孩子。

程序中为了方便起见，直接使用分数表示。

2）程序与程序注释

```
int score[4][4];
main()
{   int i,j,k,who;
    score[1][1]=7;     /*按已知条件进行初始化：score[1]:张家三个孩子的得分*/
    score[2][1]=8;                          /*score[2]:王家三个孩子的得分*/
    score[3][1]=9;                          /*score[3]:李家三个孩子的得分*/
    for(i=4;i<6;i++)                    /*i:张家孩子在4～6分段可能的分数*/
      for(j=4;j<7;j++)                  /*j:王家孩子在4～6分段可能的分数*/
        for(k=4;i!=j&&k<7;k++)          /*k:李家孩子在4～6分段可能的分数*/
          if(k!=i&&k!=j                 /*分数不能并列*/
             &&15 - i - score[1][1]!=15 - j - score[2][1]
             &&15 - i - score[1][1]!=15 - k - score[3][1]
             &&15 - j - score[2][1]!=15 - j - score[3][1])
             {
               score[1][2]=i;   score[1][3]=15 - i - 7;      /*将满足条件的结果记入数组*/
               score[2][2]=j;   score[2][3]=15 - j - 8;
               score[3][2]=k;   score[3][3]=15 - k - 9;
             }
   for(who=0,i=1;i<=4;i++,printf("\n"))
     for(j=1;j<=3;j++)
       {
         printf("%d   ",score[i][j]);          /*输出各家孩子的得分情况*/
         if(score[i][j]= =1)                   /*记录最后一名的家庭序号*/
            who=i;
       }
```

```
    if(who= =1)                                    /*输出最后判断的结果*/
        printf("The last one arrived to end is a child from family Zhang.\n");
    else if(who= =2)
        printf("The last one arrived to end is a child from family Wang.\n");
    else
        printf("The last one arrived to end is a child from family Li.\n");
}
```

3）运行结果

```
7  5  3
8  6  1
9  4  2
The last one arrived to end is a child from family Wang.
```

获得最后一名的是王家的孩子。

5.9 本章小结

本章重点讲述了3种循环控制结构，while、do…while和for循环结构。在这三种语句中，for语句的运用最灵活，它可以对循环的初值、增值及循环结束条件进行直接设置或对其中某一部分作特殊处理，但是当不知道循环的初始值和终止值时，还是要用while或do…while语句解决问题。3种循环可以相互嵌套组成多重循环，循环之间可以并列但不能交叉。在循环程序中应避免出现死循环，即应保证循环变量的值在运行过程中可以得到修改，并使循环条件逐步变为假，从而结束循环。另外，本章还介绍了break语句和continue语句，这两个语句对循环控制的影响是不同的，break语句完全从循环中跳出，continue语句只是结束本次循环；此外，break语句还可用于switch语句中，起到跳出switch语句的作用。

5.10 复习题

一、选择题

1．C语言中while和do…while循环的主要区别是（   ）。

A．do…while的循环体至少无条件执行一次

B．while的循环控制条件比do…while的循环控制条件严格

C．do…while允许从外部转到循环体内

D．do…while循环体不能是复合语句

2．break语句的正确的用法是（   ）。

A．无论在任何情况下，都中断程序的执行，退出到系统下一层

B．在多重循环中，只能退出最靠近的那一层循环语句

C．跳出多重循环

D．只能修改控制变量

3．语句

```
for(k=0;k<5;++k)
        {
          if(k==3) continue;
          printf("%d",k);
        }
```

的输出结果为（　　）。

A．012　　B．0124　　C．01234　　D．没有输出结果

4．以下循环体的执行次数是（　　）。

```
#include "stdio.h"
main()
{
   int i,j;
   for(i=0,j=1;i<j+1;i+=2,j++)
    printf("%d\n",i);
}
```

A．3　　B．2　　C．1　　D．0

5.以下程序的输出结果是（　　）。

```
#include   "stdio.h"
main()
{
   int i,s=0;
   for(i=1;i<=10;i+=2)
        s+=i;
   printf("%d      %d",i,s);
}
```

A．10　　55　　B．11　　55　　C．10　　25　　D．11　　25

6．执行下列程序段后，x 值是（　　），i 值是（　　）。

```
int   i,x;
for(i=1,x=1;i<=20;i++)
   {
     if(x>=10)
       break;
     if(x%2==1)
     {
       x+=5;
       continue;
     }
    x -=3;
   }
```

A．10　　B．7　　C．6　　D．14

C语言程序设计教程

二、填空题

1．以下程序的输出结果是＿＿＿＿＿＿。

```
main( )
  {
     int   y=9;
     for (;y>0;y− −)
       if (y%3= = 0)
       {
          printf ("%d ", − −y);continue;
       }
}
```

2．以下程序的输出结果是＿＿＿＿＿＿。

```
main()
{
   int i,b,k=0;
   for (i=1;i<=5;i++)
     {
        b=i%2;
        while (b− −>=0)   k++;
     }
   printf ("%d,%d",k,b);
}
```

3．下列程序段的输出结果是＿＿＿。

```
main( )
{
   int k;
   for (k=1;k<5;k++)
     {
        if(k%2!=0)
        printf("#");
        else
        printf("*") ;
     }
}
```

4．下列程序段的输出结果是＿＿＿。

```
main()
   {
      int n;
      for(n=3; n<=10; n++)
```

```
        {
            if(n%5= =0) break;
            printf("%d    ",n);
        }
    }
```

5．下列程序段的输出结果是______。

```
main()
  {
  int x;
  x=3;
  do {
       printf("%d",x- -);
     }while(!x);
  }
```

三、编程题

1．小明有五本新书，要借给 A、B、C 三位小朋友，若每人每次只能借一本，则可以有多少种不同的借法？

2．假设银行一年整存零取的月息为 0.63%。现在某人手中有一笔钱，他打算在今后的五年中的年底取出 1000 元，到第五年时刚好取完，请算出他存钱时应存入多少。

3．买卖提将养的一缸金鱼分 5 次出售。第 1 次卖出全部的一半加 1/2 条；第 2 次卖出余下的 1/3 加 1/3 条；第 3 次卖出余下的 1/4 加 1/4 条；第 4 次卖出余下的 1/5 加 1/5 条；最后卖出余下的 11 条。问原来的鱼缸中共有几条金鱼？

4．个位数为 6 且能被 3 整除的五位数共有多少？

5．求任意两个正整数的最大公约数（GCD）和最小公倍数（LCM）。

5.11 程序设计实践

1．百钱百鸡问题。中国古代数学家张丘建在他的《算经》中提出了一个著名的“百钱百鸡问题”：鸡翁一，值钱五，鸡母一，值钱三，鸡雏三，值钱一，百钱买百鸡，问翁、母、雏各几何？

2．对用户输入的所有整数进行累加，直到输出 0 为止。

3．一辆卡车违反交通规则，撞人后逃跑。现场有三人目击事件，但都没有记住车号，只记下车号的一些特征。甲说：牌照的前两位数字是相同的；乙说：牌照的后两位数字是相同的，但与前两位不同；丙是数学家，他说：四位的车号刚好是一个整数的平方。请根据以上线索求出车号。

第6章 数　　组

关键字

数组
下标变量

C语言程序设计教程 

前面介绍的数据类型均属于基本数据类型，每个变量对应着一个存储单元。对于有些特殊或复杂的问题，如某班有 60 名同学，需要统计每位同学的平均成绩，用简单数据类型就需要分别定义 60 个变量，分别存放每个同学的平均成绩，显然这种处理方法十分麻烦。为了解决这种问题，C 语言提供了数组类型。即把具有相同类型的若干变量按有序的形式组织起来，用统一的名字来表示，这些按序排列的相同类型的数据元素的集合称为数组。或者说，数组是用一个名字代表顺序排列的一组数。简单变量是没有序的，无所谓谁先谁后，数组中的单元是有排列顺序的。

本章的主要内容包括：一维数组的定义、初始化及数组元素的引用；二维数组的定义、初始化及数组元素的引用；字符维数组的定义、初始化及数组元素的引用；字符串处理函数。

6.1 一维数组的定义与引用

6.1.1 一维数组的定义

格式：

类型说明符　数组名[常量表达式];

说明：

（1）数组的类型就是数组中各个元素的类型，对于一个数组，所有元素的数据类型相同。

（2）数组名取名规则与变量名相同，遵守标识符命名规则。

（3）数组名后是用方括弧括起来的常量、常量表达式或符号常量，不能是变量。

（4）所有数组元素共用一个名字，用下标来区别每个不同元素。下标从 0 开始，按照下标顺序依次连续存放。如：a[0]，a[1]，a[2]……

注意：

① 在同一数组中构成该数组的成员又称为下标变量。例如，a[3]代表数组中顺序号为 3 的那个单元。

② 引用数组元素时不应使用超范围的下标，因为对这种情况编译时系统并不报错，所以编写程序时要格外注意。下标的取值范围是 0～（元素个数 –1）。

③ 下标变量中下标的个数称为数组的维数。

例如，A[3]：数组 A 为一维数组。

　　　B[2][3]：数组 B 为二维数组。

（5）常量表达式表示元素个数，即数组的长度。

如：“int a[7]”；定义一个数组，数组名为 a，有 7 个元素，每个元素均为 int。这 7 个元素分别是：a[0]，a[1]，a[2]，…，a[6]。C 编译程序将为 a 数组在内存中开辟 7 个地址连续的存储单元。因为每个整型数据占 2 个字节，所以开辟 7×2=14 个字节的内存单元。

6.1.2 一维数组元素的引用

C 语言规定，数组必须先定义后使用；不能引用整个数组，只能逐个引用元素。

格式：

数组名[下标]

说明：

（1）在引用数组元素时，下标可以是整型常数或表达式，表达式内允许变量存在。如果是小数，系统自动取整。

（2）引用数组元素时下标最大值不能出界。

（3）在C程序中只能逐个地使用下标变量，而不能一次引用整个数组。必须使用循环语句逐个输出各下标变量。

程序文本【6.1】 成随机输入10个数并输出。

```
main()
 {
   int a[10] , i ;
   printf("input 10 numbers:\n");
   for(i=0;i<10;i++)
      scanf("%d",&a[i]);
   printf("\n");
   for(i=0;i<10;i++)
      printf("%d",a[i]);
 }
```

本例中用一个循环语句将a数组各元素送入值，然后用第二个循环语句输出各数。

输入：

```
0  2  4  6  8  10  12  14  16  18
```

结果是：

```
0  2  4  6  8  10  12  14  16  18
```

6.1.3 一维数组的初始化

数组的初始化是指在定义数组时给全部数组元素或部分数组元素赋值。

格式：

类型说明符　数组名[下标]={常量列表}；

数组初始化常见的几种形式：

（1）给数组中所有元素赋初值。

int a[5]={1,2,3,4,5}；

经过上面的定义和初始化之后，数组各元素的值为：

a[0]=1，a[1]=2，a[2]=3，a[3]=4，a[4]=5

此时可以不指定数组的长度，系统自动计算长度。

int a[]={1,2,3,4,5}；

（2）对数组部分元素赋初值，此时数组长度不能省略。

int a[5]={1,2}；

经过上面的初始化之后，数组各元素的值为 0。

a[0]=1，a[1]=2，其余元素自动赋 0 值。

（3）对数组的所有元素赋初值为 0。

int a[5]={0}；

经过上面的初始化之后，数组元素的值为 0。

6.1.4 一维数组程序举例

程序文本【6.2】 从键盘输入 10 个数，求其中的最小值并显示出来。

```
#include "stdio.h"
main()
{
   int i ,min ,a[10];
   printf("please input 10 number:\n");
   for (i=0;i<10;i++)
     scanf("%d",&a[i]);
   min=a[0];
   for(i=0;i<10;i++)
     if (min>a[i]) min=a[i];
   printf("min value is %d\n",min);
}
```

输入：

```
3  4  5  0  7  8  1  9  6  2
```

结果是：

```
min value is 1
```

程序文本【6.3】 用数组处理菲波那契数列（fibonacci 数列）问题。

```
#include"stdio.h"
main()
{
   int i ;
   int f[20]={1,1};
   for(i=2;i<20;i++)
      f[i]=f[i-1]+f[i-2]
   for(i-0;i<20,i++)
     {
       if (i%5= =0) printf("\n");
       printf("%12d",f[i]);
     }
}
```

结果是：

1	1	2	3	5
8	13	21	34	55
89	144	233	377	610
987	1549	2584	4181	6765

程序文本【6.4】 用冒泡法对 10 个数进行从小到大的排序。

用冒泡法排序的过程：

（1）比较第 1 个数与第 2 个数，若为逆序，则交换；然后比较第 2 个数与第 3 个数；依此类推，直到第 $n-1$ 个数和第 n 个数比较完为止——第一趟冒泡排序，结果最大的数安置在最后一个元素位置上。

（2）对前 $n-1$ 个数进行第二趟冒泡排序，结果使次大的数安置在第 $n-1$ 个元素位置。

（3）重复上述过程，共经过 $n-1$ 趟冒泡排序后，排序结束。

```
#include   "stdio.h"
main()
{
   int a[10];
   int i,j,t;
   printf("input 10 numbers:\n");
   for(i=0;i<10;i++);
   scanf("%d",&a[i]);
   for(j=0;j<10;j++)
       for(i=0;i<10 - j;i++)
          if(a[i]<a[i+1])
             {t=a[i];a[i]=a[i+1];a[i+1]=t;}
   prinft("the sorted numbers:\n");
   for(i=0;i<10;i++)
       printf("%d",a[i]);
}
```

结果是：

```
input 10 numbers:
12   23   90   78   -43   65   -78   7   0   21
the sorted numbers:
90   78   65   23   21   12   7   0   -43   -78
```

6.2 二维数组的定义与引用

6.2.1 二维数组元素的定义

格式：

类型说明符 数组名[常量表达式 1][常量表达式 2]；

说明：常量表达式 1 设置二维数组的行数，常量表达式 2 设置二维数组的列数。

例如：int a[2][3];

该语句表示：

（1）定义了整型数组 a，其数组元素的类型是 int。

（2）a 数组有 2 行 3 列，共 2×3=6 个数组元素。

（3）a 数组行下标为 0、1；列下标为 0、1、2。a 数组的数组元素是：a[0][0]、a[0][1]、a[0][2]、a[1][0]、a[1][1]、a[1][2]。

6.2.2 二维数组元素的引用

格式：

数组名[行下标][列下标]

说明：

（1）下标可以是整型常量或表达式。

（2）数组元素可以出现在表达式中，也可以被赋值。

（3）在使用数组元素时，因为下标从零开始，要注意下标取值不要超过数组的范围。

程序文本【6.5】 通过键盘输入数据，给具有 2 行 3 列的二维数组赋初值。

```
#include  "stdio.h"
main()
{
  int i ,j a[2][3];
  for(i=0;i<2;i++)
  for(j=0;j<3;j++)
  scanf("%d",&a[i][j]);
  for(i=0;i<2;i++)
  for(j=0;j<3;j++)
  printf("\na[%;d][%d]=%d",i ,j ,a[i][j]);
}
```

输入：

```
1  2  3  4  5  6
```

结果为：

```
a[0][0]=1
a[0][1]=2
a[0][2]=3
a[1][0]=4
a[1][1]=5
a[1][2]=6
```

6.2.3 二维数组的初始化

格式：

类型说明符　二维数组名[行下标][列下标]={{常量列表}，……}；

说明：

（1）分行给二维数组所有元素赋初值。

例如：int a[2][3]={{2,3,4},{7,8,9}}；

（2）将所有数据写在一个花括弧内，按数组排列的顺序对各元素赋初值。

例如：int a[2][3]={2,3,4,7,8,9}；

（3）可以对部分元素赋初值。

例如：int a[2][3]={{2},{7}}；

对各行第1列的元素赋初值，其余元素值自动为0。

（4）如果对全部元素赋初值，则定义数组时对第一维长度可以不指定，但必须指定第二维的长度。

例如：int a[][3]={2,3,4,7,8,9}；

第二维长度为3，很自然，6个元素应分处在两行，表示每行3个元素。因此，等价于 int a[2][3]={2,3,4,7,8,9}；

6.2.4 二维数组程序举例

程序文本【6.6】　有一个3×4的矩阵，求出所有元素最大值以及它所在的行和列。

```
main()
{
  int i ,j ,r=0,c=0,max;
  int a[3][4]={{1,3,7,9},{2,4,6,8},{ -1,10, -5, -9}};
  max=a[0][0];
  for(i=0,i<=2,i++)
  for(j=0,j<=3;j++)
     if(a[i][j]>max)
     {
        max=a[i][j];
        r=i ;c=j;
     }
   printf("max=%d,r=%d,c=%d\n",max,r,c);
}
```

结果为：

```
max=10,r=2,c=1
```

程序文本【6.7】 将一个二维数组行和列元素互换，存到另一个二维数组中。

```
main()
{
int a[2][3]={{1,2,3},{4,5,6}};
int b[3][2], i , j;
printf("array a:\n");
for(i=0;i<=1;i++)
   {
     for(j=0;j<=2;j++)
       {
          printf("%4d",a[i][j]);
          b[i][j]=a[i][j];
       }
     printf("\n");
   }
printf("array b :\n");
for(i=0;i<=2;i++)
   {
     for(j=0;j<=1;j++)
     printf("%4d",b[i][j]);
     printf("\n");
   }
}
```

结果为：

```
array a:
   1   2   3
   4   5   6
array b:
   1   4
   2   5
   3   6
```

6.3 字符数组

字符数组是用来存放字符的数组，字符数组中的一个元素存放一个字符。

6.3.1 字符数组的定义

一维字符数组的定义格式：

char 数组名[常量表达式];
例如：char a[5];
二维字符数组的定义格式：
char 数组名[常量表达式 1][常量表达式 2];
例如：char a[2][3];

6.3.2 字符数组的初始化

字符数组初始化有下面两种情况：
（1）可以对数组元素逐个初始化。如：
char a[10]={ 'i', '', 'a', 'm', ' ', 'h', 'a', 'p', 'p', 'y'};
初值个数可以少于数组长度，多余元素自动为'\0'（'\0'是二进制的 0）。
char a[]={'c', '', 'p', 'r', 'o', 'g', 'r', 'a', 'm'};
A[9]= '\0', 即 a[9]=0。
指定初值时，若未指定数组长度，则长度等于初值个数。例如：
char a[]={'i', '', 'a', 'm', ' ', 'h', 'a', 'p', 'p', 'y'};
等价于：
char a[10]={ 'i', '', 'a', 'm', ' ', 'h', 'a', 'p', 'p', 'y'};
（2）用字符串常量对数组初始化。例如：
char a[]={"i am happy"};
字符串在存储时，系统自动在其后加上结束标志'\0'。

6.3.3 字符数组元素的引用

用数组的下标指定要引用的数组元素。
一维字符数组的引用格式：
数组名[下标];
二维字符数组的引用格式：
数组名[行下标][列下标];
程序文本【6.8】 输出一个字符串。

```
main()
{
char c[10]={ 'i', '', 'a', 'm', ' ', 'h', 'a', 'p', 'p', 'y'};
int i ;
for(i=0;i<10;i++)
printf("%c",c[i]);
printf("\n");
}
```

C语言程序设计教程

结果为：

```
i am happy
```

程序文本【6.9】 由键盘输入字符串“china”并输出显示。

```
main()
{
  int i ;
  char c[5];
  for(i=0;i<5;i++)
  scanf("%c",&c[i]);
  for(i=0;i<5;i++)
  printf("%c",&c[i]);
  printf("\n");
}
```

输入：

```
china↙
```

结果为：

```
china
```

6.3.4 字符串和字符串结束标志

在C语言中，字符串常量是用双引号括起来的一串字符，并用'\0'（Ascii码值为0）作为字符串的结束标志，它占一个字节的内存空间，但不计入串的长度。

在C语言中，没有专门的字符串变量，通常用一个字符数组来存放一个字符串。并自动在字符串末尾添加'\0'作为该字符串结束的标志，不必再用字符数组的长度来判断字符串的长度了。

char a[]={'i', '', 'a','m', '', 'h', 'a', 'p', 'p', 'y'};

可写为：

char a[]={"i am happy"};

说明：

（1）用字符串赋值时，无须指定长度，系统自行处理。

（2）以字符串形式对字符数组初始化，系统会自动在该字符串最后加字符串结束标志'\0'。

6.3.5 字符数组的输入输出

1. 单个字符的输入输出

用格式字符“%c”输入或输出一个字符，配合循环语句，像处理数组元素一样输入输出。

程序文本【6.10】 字符数组中逐个字符输入输出。

```
main()
{
char c[10];
```

```
    int i ;
    for(i=0;i<10;i++)
    scanf("%c",&c[i]);
    for(i=0;i<10;i++)
    printf("%c",c[i]);
    printf("\n");
    }
```

输入：

```
    school↙
```

结果为：

```
    school
```

2. 整个字符串的输入和输出

用“%s”格式符可输入、输出字符串。由于C语言中没有专门存放字符串的变量，字符串存放在一个字符型数组中，数组名表示第一个字符的首地址，故在输入或输出字符串时可直接使用数组名。

例如：

```
char c[10];
scanf ("%s",c);
printf("%s",c);
```

说明：

（1）用“%s”格式输入字符串时，scanf函数中的输入项为数组名。因为C语言编译系统对数组名的处理是：数组名代表该数组的起始地址。因此在输入数据时，不需要再加地址符号“&”。

（2）一个scanf函数输入多个字符串，则以空格分隔。

例如：

```
char str1[5],str2[5],str[5];
scanf("%s%s%s",str1,str2,str3);
```

输入数据：how are you?

（3）由于C语言中规定scanf函数在输入数据时以空格、制表符和回车键来进行数据的分隔，因此按照“%s”格式输入字符串时不能有空格或制表符。如果要输入含有空格的字符串可以使用字符串处理函数gets函数。

（4）按照“%s”格式输入字符串时，系统自动在最后加字符串结束标志'\0'，但'\0'并不输出。

（5）按照“%s”格式输出字符串时，遇'\0'结束，且输出字符不包含'\0'。

（6）按照“%s”格式输出字符串时，printf函数的输出项是字符数组名，而不是元素名。

（7）若数组中包含一个以上'\0'，遇第一个'\0'时结束。

6.3.6 字符串处理函数

C语言提供了丰富的字符串处理函数，大致可分为字符串的输入、输出、合并、修改、

比较、转换、复制、搜索几类。使用这些函数可大大减轻编程的负担。用于输入输出的字符串函数，在使用前应包含头文件"stdio.h"，使用其他字符串函数则应包含头文件"string.h"。

下面介绍几个最常用的字符串函数。

1．字符串输出函数 puts

格式：puts（字符数组名）

功能：把字符数组中的字符串输出到显示器。即在屏幕上显示该字符串。

程序文本【6.11】

```
#include  "stdio.h"
main()
{
  char c[]="BAsic\ndBAsE";
  puts(c);
}
```

利用 puts 函数输出字符串时，遇到'\0'时，字符不输出，系统自动将其转换为'\n'，即输出完字符串后系统自动换行。

从程序中可以看出 puts 函数中可以使用转义字符，因此输出结果成为两行。puts 函数完全可以由 printf 函数取代。当需要按一定格式输出时，通常使用 printf 函数。

2．字符串输入函数 gets

格式：gets （字符数组名）

功能：从标准输入设备键盘上输入一个字符串到字符数组。

本函数得到一个函数值，即为该字符数组的首地址。

程序文本【6.12】

```
#include  "stdio.h"
main()
{
  char st[15];
  printf("input string:\n");
  gets(st);
  puts(st);
}
```

可以看出当输入的字符串中含有空格时，输出仍为全部字符串。说明 gets 函数并不以空格作为字符串输入结束的标志，而只以回车作为输入结束。这是与 scanf 函数不同的。

3．字符串连接函数 strcat

格式：strcat（字符数组名 1，字符数组名 2）

功能：把字符数组 2 中的字符串连接到字符数组 1 中字符串的后面，并删去字符串 1 后的串标志"\0"。本函数返回值是字符数组 1 的首地址。

程序文本【6.13】

```
#include   "string.h"
main()
{
  static char st1[30]= "my name is ";
  int st2[10];
  printf("input your name:\n");
  gets(st2);
  strcat(st1,st2);
  puts(st1);
}
```

本程序把初始化赋值的字符数组与动态赋值的字符串连接起来。要注意的是，字符数组 1 应定义足够的长度，否则不能全部装入被连接的字符串。

4．字符串复制函数 strcpy

格式：strcpy（字符数组名 1，字符数组名 2）

功能：把字符数组 2 中的字符串复制到字符数组 1 中。串结束标志"\0"也一同复制。字符数组名 2，也可以是一个字符串常量。这时相当于把一个字符串赋予一个字符数组。

程序文本【6.14】

```
#include   "string.h"
main()
{
  char st1[15],st2[]="c Language";
  strcpy(st1,st2);
  puts(st1);printf("\n");
}
```

本函数要求字符数组 1 应有足够的长度，否则不能全部装入所复制的字符串。

5．字符串比较函数 strcmp

格式：strcmp（字符数组名 1，字符数组名 2）

功能：按照 ASCII 码顺序比较两个数组中的字符串，并由函数返回值返回比较结果。

字符串 1＝字符串 2，返回值＝0；

字符串 2 >字符串 2，返回值> 0；

字符串 1 <字符串 2，返回值< 0。

本函数也可用于比较两个字符串常量，或比较数组和字符串常量。

程序文本【6.15】

```
#include   "string.h"
main()
{ int k;
  static char st1[15],st2[]="c Language";
```

C语言程序设计教程

```
        printf("input a string:\n");
        gets(st1);
        k=strcmp(st1,st2);
        if(k= =0) printf("st1=st2\n");
        if(k>0) printf("st1>st2\n");
        if(k<0) printf("st1<st2\n");
    }
```

本程序中把输入的字符串和数组 st2 中的串比较，比较结果返回到 k 中，根据 k 值再输出结果提示串。当输入为 dbase 时，由 ASCII 码可知“dbase”大于“c Language”故 k>0，输出结果“st1>st2”。

6．测字符串长度函数 strlen

格式：strlen（字符数组名）

功能：测字符串的实际长度（不含字符串结束标志'\0'）并作为函数返回值。

程序文本【6.16】

```
#include    "string.h"
main()
{
  int k;
  static char st[]=" c language";
  k=strlen(st);
  printf("The lenth of the string is %d\n",k);
}
```

6.3.7　字符数组应用举例

程序文本【6.17】 由键盘输入一字符串，并复制到另一字符数组后显示出来。

```
#include    "stdio.h"
#include    "string.h"
main()
{
  char str1[30],str2[20];
  int i;
  printf("input a string: ");
  scanf("%s",str1);
  i=0;
  while (str1[i]!= '\0')
    {
    str2[i]=str1[i];
    i++;
```

```
    }
  str2='\0';
  printf("%s",str2);
}
```

结果为：

```
input a string:ABc↙
ABc
```

程序文本【6.18】 由键盘输入一个字符串，要求从该串中删去一字符。

```
#include    "stdio.h"
#include    "string.h"
main()
{
  char str1[50];str2[50];
  char ch;
  gets(str1);
  printf("\n delete? ");
  scanf("%c",&ch);
  for(i=0;str1[i]!= '\0';i++)
   {
     if(str1[i]!=ch)
        str2[i–k]=str1[i];
     else k=k+1;
   }
 str2[i–k]= '\0';
 printf("\n%s\n",str2);
}
```

从键盘输入字符串：i am a boy↙

结果为：

屏幕显示：delete? 输入:a

屏幕显示：i m   boy

6.4 C 语言趣味程序设计实例 6

题目：谜语博士的难题（1）

诚实族和说谎族是来自两个荒岛的不同民族，诚实族的人永远说真话，而说谎族的人永远说假话。谜语博士是个聪明的人，他要来判断所遇到的人分别是哪个民族的。

谜语博士遇到三个人，知道他们可能是来自诚实族或说谎族的。为了调查这三个人是什么族的，博士分别问了他们问题，这是他们的对话：

C语言程序设计教程

问第一个人："你们是什么族？"答："我们之中有两个来自诚实族。"第二个人说："不要胡说，我们三个人中只有一个诚实族的。"第三个人听了第二人的话后说："对，就是只有一个是诚实族的。"

请根据他们的回答判断他们分别是哪个族的。

1）问题分析与算法设计

假设这三个人分别为 A、B、C，若说谎其值为 0，若诚实其值为 1。根据题目中三个人的话可分别列出：

第一个人：a&&a+b+c= =2||!a&&a+b+c!=2

第二个人：b&&a+b+c= =1||!b&&a+b+c!=1

第三个人：c&&a+b+c= =1||!c&&a+b+c!=1

利用穷举法，可以很容易地推出正确的结果。

2）程序

```
main()
{   int a,b,c;
    for(a=0;a<=1;a++)
    for(b=0;b<=1;b++)
    for(c=0;c<=1;c++)
        if (a&&a+b+c= =2||!a&&a+b+c!=2)&& (b&&a+b+c= =1||!b&&a+b+c!=1)
           && c&&a+b+c= =1||!c&&a+b+c!=1
            {   printf("A is a %s.\n",a?"honest":"lier");
                printf("B is a %s.\n",b?"honest":"lier");
                printf("C is a %s.\n",c?"honest":"lier");
            }
}
```

3）运行结果

```
A is a lier.（说谎族）
B is a lier.（说谎族）
C is a lier.（说谎族）
```

6.5 本章小结

（1）数组是程序设计中最常用的数据结构。数组可分为数值数组（整数组、实数组），字符数组以及后面将要介绍的指针数组、结构数组等。

（2）数组可以是一维的、二维的或多维的。

（3）数组类型说明由类型说明符、数组名、数组长度（数组元素个数）三部分组成。数组元素又称为下标变量。数组的类型是指下标变量取值的类型。

（4）对数组的赋值可以用数组初始化赋值、输入函数动态赋值和赋值语句赋值三种方法实现。对数值数组不能用赋值语句整体赋值、输入或输出，而必须用循环语句逐个对数组元素进行操作。

6.6 复习题

一、选择题

1．下面程序的运行结果是（　　）。

```
#include "stdio.h"
main()
{int a[8]={0},i,j,k=8;
  for(i=0;i<k;i++)
    for(j=0;j<k;j++)    a[j]=a[i]+1;
  printf("%d\n",a[k]);
}
```

A．6　　B．7　　C．8　　D．不确定的值

2．下面程序段输出的结果是（　　）

```
char s[18]= "a book!";printf("4s%",s);
```

A．a book!　　B．a bo

C．ook!　　D．格式描述不正确，没有确定的输出

3．在下面的一维数组定义中，（　）语句有语法错误。

A．int a[]={1,2,3};　　B．int a[10]={0};

C．int a[];　　D．int a[5];n

4．在下面的二维数组定义中，（　）语句是正确的。

A．int a[5][];　　B．int a[][5];

C．int a[][3]={{1,3,5},{2}};　　D．int a[](10);

5．假定一个二维数组的定义语句为“int a[3][4]={{3,4},{2,8,6}};”，则元素 a[1][2]的值为（　）。

A．2　　B．4　　C．6　　D．8

6．假定一个二维数组的定义语句为“int a[3][4]={{3,4},{2,8,6}};”，则元素 a[2][1]的值为（　）。

A．0　　B．4　　C．8　　D．6

7．将两个字符串连接起来组成一个字符串时，选用（　）函数。

A．strlen()　　B．strcap()　　C．strcat()　　D．strcmp()

二、填空题

1．若有定义：double x[3][5];则 x 数组中行下标的下限为________，列下标的上限为________。

2．下面程序以每行 4 个数据的形式输出 a 数组，请填空。

```
#define N   20
main()
```

C语言程序设计教程

```
        {int a[N],i;
        for(i=0;i<N;i++)scanf("%d",_______);
        for(i=0i<N;i++)
        {if  (_____________)      ______
         printf("%3d",a[i]);
        }
      printf("\n");
    }
```

3. 下面程序可求出矩阵 a 的主对角线上的元素之和，请填空。

```
main()
  {int a[3][3]={1,3,5,7,9,11,13,15,17},sum=0,i,j;
  for(i=0;i<3;i++)
    for(j=0;j<3;j++)
      if(_____) sum=sum+_______;
    printf("sum=%d\n",sum);
}
```

4. 当从键盘输入 18 并按下回车键后，下面程序的运行结果是________。

```
main()
  {int x,y,i,a[8],j,u,v;
   scanf("%d",&x);
   y=x;i=0;
   do
   {u=y/2;
    a[i]=y%2;
    i++;y=u;
    }while(y>=1)
   for(j=i-1;j>=0;j--)
     printf("%d",a[j]);}
```

三、编程题

1. 求一个 3×3 矩阵对角线元素之和。
2. 有一个已经排好序的数组。现输入一个数，要求按原来的规律将它插入数组中。
3. 将一个数组逆序输出。

6.7　程序设计实践

1. 把一个整数按大小顺序插入已排好序的数组中。

2．在二维数组 a 中选出各行最大的元素组成一个一维数组 b。

a=(3　16　87　65
　4　32　11　108
　10　25　12　37)

b=(87　108　37)

3．输入五个国家的名称按字母顺序排列输出。

C语言程序设计教程

第7章 | 函　数

关键字

函数
库函数和用户函数
有返回值函数和无返回值函数
无参数函数和有参数函数

C语言程序设计教程

C 源程序是由函数组成的。虽然在前面各章的程序中大都只有一个主函数 main()，但实用的 C 程序往往由多个函数组成。函数是 C 源程序的基本模块，通过对函数模块的调用实现特定的功能。C 语言中的函数相当于其他高级语言的子程序。C 语言不仅提供了极为丰富的库函数（如 Turbo C、MS C 都提供了三百多个库函数），还允许用户建立自己定义的函数。用户可把自己的算法编成一个个相对独立的函数模块，然后用调用的方法来使用函数。可以说 C 程序的全部工作都是由各式各样的函数完成的，所以也把 C 语言称为函数式语言。

由于采用了函数模块式的结构，因此 C 语言易于实现结构化程序设计。使程序的层次结构清晰，便于程序的编写、阅读、调试。

本章主要内容包括：函数的定义与调用、函数的参数和返回值、函数的调用、作用域和存储类型。

7.1 模块化程序设计和 C 语言程序组成

1. 模块化程序设计

在编制程序时，经常遇到这样的情况，有些运算经常重复进行，或者许多人的程序都可能要进行同类的运算操作。这些重复运算的程序是相同的，只不过每次都以不同的数进行重复罢了。如果多次重复书写执行这一功能的程序段，将使程序变得很长，多占存储空间，烦琐而又容易出错，并且调试起来也较困难。

解决这类问题的有效办法，是将上述重复使用的程序，设计成能够完成一定功能的可供其他程序使用（调用）的相对独立的功能模块。它独立存在，但可以被多次调用，调用的程序称为主程序。不断重复执行的程序段可以作为独立模块独立出去，即使是只执行一次的程序段也可以把它写成独立模块，并把程序应该完成的主要功能都分配给各模块去完成，用主程序把各独立模块联系在一起。

这种设计方法是各种高级语言程序设计中的基本方法，即自顶向下、逐步细化和模块化。其中模块化的具体做法是：将一个大型程序按照其功能分解成若干个相对独立的功能模块，然后再分别进行设计，最后把这些功能模块按照层次关系进行组装。

使用独立模块的优点有：

（1）消除重复的程序行，可以一次性定义一个独立模块并可由其他程序任意次调用。

（2）使程序容易阅读。分解为一组较小的程序容易阅读和理解。

（3）使程序开发过程简化。独立模块容易设计、编写和调试。

（4）可以在其他程序中重用。可以把具有通用性的独立模块用在其他程序设计项目中。

（5）使 C 语言得到扩充。独立模块可以完成内部语句和函数不能直接完成的任务。

独立模块由顺序、选择、循环这 3 种基本结构所组成，但它却有自己的特点，主要体现在主程序与独立模块之间的数据输入、输出，即主程序与各模块之间的数据传递。

由于模块是通过执行一组语句来完成一个特定的操作过程，因此模块又称为“过程”，执行一个过程就是调用一个子程序或函数模块。

结构化程序设计的基本思想是“自顶向下、逐步求精”，即将一个较大的程序按其功能分成若干个模块，每个模块具有单一的功能。

2. C语言程序的组成

在前面已经介绍过，C 语言源程序是由函数组成的。C 语言中的函数相当于其他高级语言的子程序。函数是C语言源程序的基本模块，通过对函数模块的调用可以实现相应的功能。在程序设计中，经常将一些常用的功能模块编写成函数，放在函数库中供公共使用，以减少重复编写程序段的工作量。

程序文本【7.1】 简单函数调用

```
main( )
{
 P1( );
P2( );
p1( );
}
P1( )
{
 printf("************\n");
}
P2( )
{
 printf("hello!\n");
}
```

结果为：

```
************
hello!
************
```

对C程序的说明：

（1）一个C程序有且只有一个主函数main。

（2）C程序的执行总是从main函数开始，调用其他函数后总是回到main函数，最后在main函数中结束整个程序的运行。

（3）一个C程序由一个或多个源（程序）文件组成——可分别进行编写、编译和调试。

（4）C语言是以源文件为单位而不以函数为单位进行编译的。

（5）所有函数都是平行的、互相独立的，即在一个函数内只能调用其他函数，不能再定义一个函数（嵌套定义）。

（6）一个函数可以调用其他函数或其本身，但任何函数均不可调用main函数。

7.2 库函数

C 语言提供了丰富的标准函数，即库函数。这类函数是由系统提供并定义好的，用户不必再去编写。用户只需了解函数的功能，并学会正确地调用标准函数。

C语言程序设计教程

7.2.1　C 语言常用库函数

对每一类库函数，在调用该类库函数时，用户在源程序的 include 命令中应该包含该类库函数的头文件名。

1）数学函数

数学函数用于数学计算，调用数学库函数时，要求程序在调用数学库函数前应包含下面的头文件：

```
# include   "math.h"
```

2）字符函数和字符串函数

字符函数和字符串函数用于将字符按其 ASCII 码进行分类。调用字符函数时，要求程序在调用字符函数前应包含下面的头文件：

```
# include   "ctype.h"
```

调用字符串函数时，要求在源文件中应包含下面的头文件：

```
# include   "string.h"
```

3）输入输出函数

输入输出函数用于完成输入输出功能。调用输入输出函数时，要求在源文件中应包含下面的文件：

```
#include    "stdio.h"
```

7.2.2　include 命令的使用

前面讲到，调用 C 语言标准库函数时必须在源程序中用 include 命令。

include 命令的格式是：

```
# include   <头文件名>
  或
# include   "头文件名"
```

说明：

（1）include 命令必须以“#”号开头，系统提供的头文件名都以“.h”作为后缀，头文件名用一对双引号（""）或一对尖括号（<>）括起来。

（2）在 C 语言中，调用库函数时不能缺少库函数的头文件，include 命令不是语句，不能在最后加分号。

（3）两种格式的区别是：用尖括号时，系统存放在 C 库函数头文件所在的目录寻找要包含的文件，即标准方式；用双引号时，系统先在用户当前目录中寻找要包含的文件，若找不到，再按标准方式查找。

7.3 函数的定义与调用

C 语言虽然提供了丰富的库函数，但并不能完全满足程序设计的需要，在很多情况下，函数必须由用户来编写。由用户编写的函数称为自定义函数。

正如定义变量一样，函数也必须先定义后使用。

7.3.1 函数的定义

1. 无参函数的定义形式

```
类型标识符 函数名()
    {
      声明部分
      语句部分
    }
```

其中类型标识符和函数名称为函数头。类型标识符指明了本函数的类型，函数的类型实际上是函数带回的值的类型。该类型标识符与前面介绍的各种说明符相同。函数名是由用户定义的标识符，函数名后有一个空括号，其中无参数，但括号不可少。

{}中的内容称为函数体。函数体中的声明部分是对函数体内部所用到的变量的类型说明。

在很多情况下都不要求无参函数有返回值，此时函数类型符可以写为 void。

例如：

```
void   Hello()
    {
      printf ("Hello,world \n");
    }
```

这里，Hello 函数是一个无参函数，当被其他函数调用时，输出“Hello, world”字符串。

2. 有参函数定义的一般形式

```
类型标识符 函数名（形式参数表列）
     {
       声明部分
       语句部分
     }
```

有参函数比无参函数多了一个内容，即形式参数表列。在形参表中给出的参数称为形式参数，它们可以是各种类型的变量，各参数之间用逗号间隔。在进行函数调用时，主调函数将赋予这些形式参数实际的值。形参既然是变量，必须在形参表中给出形参的类型说明。

C语言程序设计教程

例如，定义一个函数，用于求两个数中的大数，可写为：

```
int max(int a, int b)
    {
      if (a>b) return a;
     else return b;
    }
```

第一行说明 max 函数是一个整型函数，其返回的函数值是一个整数。形参为 a、b 均为整型量。a、b 的具体值是由主调函数在调用时传送过来的。在{}中的函数体内，除形参外没有使用其他变量，因此只有语句而没有声明部分。在 max 函数体中的 return 语句是把 a（或 b）的值作为函数的值返回给主调函数。有返回值函数中至少应有一个 return 语句。

在 C 程序中，一个函数的定义可以放在任意位置，既可放在主函数 main 之前，也可放在 main 之后。

例如：

可把 max 函数置在 main 之后，也可以把它放在 main 之前。修改后的程序如下所示。

程序文本【7.2】

```
int max(int a,int b)
{
    if(a>b)return a;
    else return b;
}
main()
{
    int max(int a,int b);
    int x,y,z;
    printf("input two numbers:\n");
    scanf("%d%d",&x,&y);
    z=max(x,y);
    printf("maxmum=%d",z);
}
```

结果为：

```
input two numbers:3    5
maxmum=5
```

7.3.2 函数的调用

1. 调用函数的一般形式

在调用函数时，大多数情况下，主调函数和被调函数之间有数据传递关系。这就是前面提到的有参函数。函数调用的一般形式为：

函数名（实际参数表）;

对无参函数调用时，则无实际参数表；对有参函数调用时，实际参数表中的参数可以是常数、变量或其他构造类型数据及表达式等，如果实际参数中包含多个实参，则各个实参间用逗号隔开。实参和形参的个数应相等，类型应一致。调用函数时，C 语言将按照对应关系将实参传递给形参。

2．形式参数和实际参数

前面已经介绍过，函数的参数分为形参和实参两种。在本小节中，进一步介绍形参、实参的特点和两者的关系。形参出现在函数定义中，在整个函数体内都可以使用，离开该函数则不能使用。实参出现在主调函数中，进入被调函数后，实参变量也不能使用。形参和实参的功能是作数据传送。发生函数调用时，主调函数把实参的值传送给被调函数的形参从而实现主调函数向被调函数的数据传送。

函数的形参和实参具有以下特点：

（1）形参变量只有在被调用时才分配内存单元，在调用结束时，即刻释放所分配的内存单元。因此，形参只有在函数内部有效。函数调用结束返回主调函数后则不能再使用该形参变量。

（2）实参可以是常量、变量、表达式、函数等，无论实参是何种类型的量，在进行函数调用时，它们都必须具有确定的值，以便把这些值传送给形参。因此应预先用赋值、输入等办法使实参获得确定值。

（3）实参和形参在数量上、类型上、顺序上应严格一致，否则会发生“类型不匹配”的错误。

函数调用中发生的数据传送是单向的。即只能把实参的值传送给形参，而不能把形参的值反向地传送给实参。因此在函数调用过程中，形参的值发生改变，而实参中的值不会变化。参数传递示意图如图 7.1 所示。

图 7.1　参数传递示意图

程序文本【7.3】

```
main()
{
    int n;
    printf("input number\n");
    scanf("%d",&n);
    s(n);
    printf("n=%d\n",n);
}
int s(int n)
{
```

C语言程序设计教程 

```
        int i;
        for(i=n-1;i>=1;i--)
          n=n+i;
        printf("n=%d\n",n);
    }
```

本程序中定义了一个函数 s，该函数的功能是求Σn_i的值。在主函数中输入 n 值，并作为实参，在调用时传送给 s 函数的形参量 n（注意：本例的形参变量和实参变量的标识符都为 n，但这是两个不同的量，各自的作用域不同）。在主函数中用 printf 语句输出一次 n 值，这个 n 值是实参 n 的值。在函数 s 中也用 printf 语句输出了一次 n 值，这个 n 值是形参最后取得的 n 值 0。从运行情况看，输入 n 值为 100。即实参 n 的值为 100。把此值传给函数 s 时，形参 n 的初值也为 100，在执行函数过程中，形参 n 的值变为 5050。返回主函数之后，输出实参 n 的值仍为 100。可见实参的值不随形参的变化而变化。

结果为：

```
input number 100
n=5050
n=100
```

3．函数调用的一般形式

前面已经说过，在程序中是通过对函数的调用来执行函数体的，其过程与其他语言的子程序调用相似。

C 语言中，函数调用的一般形式为：

函数名（实际参数表）

对无参函数调用时则无实际参数表。实际参数表中的参数可以是常数、变量或其他构造类型数据及表达式。各实参之间用逗号分隔。

4．函数调用的方式

在 C 语言中，可以用以下几种方式调用函数。

（1）函数表达式：函数作为表达式中的一项出现在表达式中，以函数返回值参与表达式的运算。这种方式要求函数是有返回值的。例如：z=max(x,y)是一个赋值表达式，把 max 的返回值赋予变量 z。

（2）函数语句：函数调用的一般形式加上分号即构成函数语句。

例如：printf ("%d",a)

　　　scanf ("%d",&b)

都是以函数语句的方式调用函数。

（3）函数实参：函数作为另一个函数调用的实际参数出现。这种情况是把该函数的返回值作为实参进行传送，因此要求该函数必须是有返回值的。

例如：printf("%d",max(x,y))

即是把 max 调用的返回值又作为 printf 函数的实参来使用的。

在函数调用中还应该注意的一个问题是求值顺序的问题。所谓求值顺序是指对实参表中各量是自左至右使用，还是自右至左使用。对此，各系统的规定不一定相同。介绍printf函数时已提到过，这里从函数调用的角度再强调一下。

程序文本【7.4】

```
main()
{
    int i=8;
    printf("%d\n%d\n%d\n%d\n",++i,--i,i++,i--);
}
```

如按照从右至左的顺序求值。运行结果应为：

```
8
7
7
8
```

如对printf语句中的++i、--i、i++、i--从左至右求值，结果应为：

```
9
8
8
9
```

应特别注意的是，无论是从左至右求值，还是自右至左求值，其输出顺序都是不变的，即输出顺序总是和实参表中实参的顺序相同。由于Turbo C现定是自右至左求值，所以：

结果为：8，7，7，8。

上述问题如还不理解，上机一试就明白了。

7.4 函数的返回值及其类型

函数的值是指函数被调用之后，执行函数体中的程序段所取得的并返回给主调函数的值。对函数的值（或称函数返回值）有以下一些说明：

函数的值只能通过return语句返回主调函数。

return 语句的一般形式为：

return 表达式；

或者为：

return（表达式）；

该语句的功能是计算表达式的值，并返回给主调函数。在函数中允许有多个return语句，但每次调用只能有一个return语句被执行，因此只能返回一个函数值。

函数值的类型和函数定义中函数的类型应保持一致。如果两者不一致，则以函数类型为准，自动进行类型转换。

如函数值为整型，在函数定义时可以省去类型说明。

不返回函数值的函数，可以明确定义为“空类型”，类型说明符为“void”。

void s(int n)

C语言程序设计教程

```
{……
}
```

一旦函数被定义为空类型后，就不能在主调函数中使用被调函数的函数值了。例如，在定义 s 为空类型后，在主函数中写下述语句

sum=s(n);

就是错误的。

为了使程序有良好的可读性并减少出错，凡不要求返回值的函数都应定义为空类型。

7.5 函数调用时参数间的传递

C 语言所定义的函数，本身是独立的。函数之间的联系，是通过调用函数时参数的传递及函数值的返回来完成的。在定义函数时，函数名后面圆括号内的参数称为形式参数。调用函数时，函数名后面圆括号内的参数为实参。由调用函数的实参向被调函数的形参进行参数传递。

7.5.1 将变量、常量、数组元素作为参数时的传递

在函数调用时，使用变量、常量或数组元素作为函数参数时，将实参的值复制到形参相应的存储单元中，即形参和实参分别占用不同的存储单元，这种传递方式称为“值传递”。值传递的特点是单向传递，即只能把实参的值传递给形参，而形参的任何变化都不会影响实参。

程序文本【7.5】 阅读下列程序，观察程序的运行结果。

```
#include   "stio.h"
main( )
{
   int a=2,b=3,c=0;
   printf("(1)a=%d,b=%d,c=%d\n",a,b,c);
   try(a,b,c);
   printf("(4)a=%d,b=%d,c=%d\n",a,b,c);
}
try(int x,int y,int z)
{
   printf("(2)x=%d,y=%d,z=%d\n",x,y,z);
   z=x+y;
   x=x*x;
   y=y*y;
   printf("(3)x=%d,y=%d,z=%d\n",x,y,z);
}
```

结果为：

```
(1)a=2,b=3,c=0
(2)x=2,y=3,z=0
```

```
(3)x=4,y=9,z=5
(4)a=2,b=3,c=0
```

7.5.2 将数组名作为参数时的传递

前面已讲过，数组名本身可表示数组中第 1 个元素的地址，因此，数组名作为函数的实参、形参时，作为实参的数组名将数组元素首地址传递给形参所表示的数组名，即实参传给形参的是地址。

为什么要进行地址传递呢？它与“值传递”有什么不同呢？“值传递”是实参向形参进行值的单向传递，被调用函数对调用函数的影响是通过 return 语句来实现的，即只返回一个量值。

在很多情况下，程序需要被调函数对主调函数的影响，仅返回一个量值是远远不够的，而是需要一批数据。例如，若主函数输入 50 名学生的成绩，用被调函数来实现对 50 名学生成绩的排序，并在主函数中直接引用经过排序的学生成绩。对于此类问题，显然通过 return 语句是无法实现的，必须通过地址作为函数参数，实现实参地址向形参地址的传递，使实参、形参指向相同的存储单元。在被调函数对这些单元的数据进行处理并返回主函数后，主函数就可以直接引用这些单元的数据了。

程序文本【7.6】 数组 a 中存放的是一个学生的 5 门成绩，求其平均成绩。

```
#include "stdio.h"
float aver(float a[],int);
main()
{
   float av;
   float a[5]={80,70,90,100,60};
   av=aver(a,5);
   printf("average score:%f",av);
}
float aver(float sco[],int n)
{
   int i;
   float av=0;
   for(i=0;i<0;i++)
   av=av+sco[i];
   av=av/5;
   return av;
}
```

结果为：

```
average score:80.000000
```

7.6 函数的嵌套调用

C 语言中不允许嵌套的函数定义。因此各函数之间是平行的，不存在上一级函数和下一级函数的问题。但是C语言允许在一个函数的定义中出现对另一个函数的调用。这样就出现了函数的嵌套调用。即在被调函数中又调用其他函数。这与其他语言的子程序嵌套的情形是类似的。其关系可表示如图 7.2。

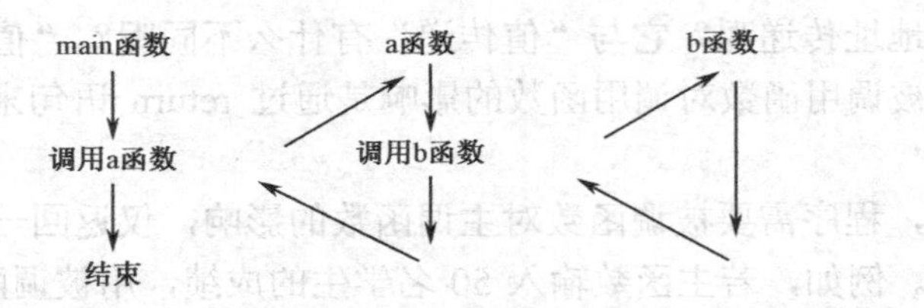

图 7.2 函数的嵌套关系

图 7.2 表示了两层嵌套的情形。其执行过程是：执行 main 函数中调用 a 函数的语句时，即转去执行 a 函数，在 a 函数中调用 b 函数时，又转去执行 b 函数，b 函数执行完毕返回 a 函数的断点继续执行，a 函数执行完毕返回 main 函数的断点继续执行。

程序文本【7.7】 计算 $s=2^2!+3^2!$

本题可编写两个函数，一个是用来计算平方值的函数 f1，另一个是用来计算阶乘值的函数 f2。主函数先调 f1 计算出平方值，再在 f1 中以平方值为实参，调用 f2 计算其阶乘值，然后返回 f1，再返回主函数，在循环程序中计算累加和。

```
long f1(int p)
{
    int k;
    long r;
    long f2(int);
    k=p*p;
    r=f2(k);
    return r;
}
long f2(int q)
{
    long c=1;
    int i;
    for(i=1;i<=q;i++)
        c=c*i;
    return c;
}
main()
```

```
{
    int i;
    long s=0;
    for (i=2;i<=3;i++)
      s=s+f1(i);
    printf("\ns=%ld\n",s);
}
```

在程序中，函数 f1 和 f2 均为长整型，都在主函数之前定义，故不必再在主函数中对 f1 和 f2 加以说明。在主程序中，执行循环程序依次把 i 值作为实参，调用函数 f1 求 i^2 值。在 f1 中又发生对函数 f2 的调用，这时是把 i^2 的值作为实参去调 f2，在 f2 中完成求 i^2!的计算。f2 执行完毕把 C 值（即 i^2!）返回给 f1，再由 f1 返回主函数实现累加。至此，由函数的嵌套调用实现了题目的要求。由于数值很大，所以函数和一些变量的类型都说明为长整型，否则会造成计算错误。

7.7 函数的递归调用

一个函数在它的函数体内调用它自身称为递归调用。这种函数称为递归函数。C 语言允许函数的递归调用。在递归调用中，主调函数又是被调函数。执行递归函数将反复调用其自身，每调用一次就进入新的一层。

例如有函数 f 如下：

```
int f(int x)
{
  int y;
  z=f(y);
  return z;
}
```

这个函数是一个递归函数。但是运行该函数将无休止地调用其自身，这当然是不正确的。为了防止递归调用无休止地进行，必须在函数内有终止递归调用的手段。常用的办法是加条件判断，满足某种条件后就不再作递归调用，然后逐层返回。下面举例说明递归调用的执行过程。

程序文本【7.8】 用递归法计算 n!

用递归法计算 n!可用下述公式表示：

n!=1　　　　(n=0,1)

n×(n-1)!　　　(n>1)

按公式可编程如下：

```
long ff(int n)
{
    long f;
    if(n<0) printf("n<0,input error");
```

```
        else if(n= =0||n= =1) f=1;
        else f=ff(n−1)*n;
        return(f);
    }
    main()
    {
        int n;
        long y;
        printf("\ninput a inteager number:\n");
        scanf("%d",&n);
        y=ff(n);
        printf("%d!=%ld",n,y);
    }
```

程序中给出的函数 ff 是一个递归函数。主函数调用 ff 后即进入函数 ff 执行，如果 n<0、n==0 或 n=1 时都将结束函数的执行，否则就递归调用 ff 函数自身。由于每次递归调用的实参为 n-1，即把 n-1 的值赋予形参 n，最后当 n-1 的值为 1 时再作递归调用，形参 n 的值也为 1，将使递归终止。然后可逐层退回。

下面我们再举例说明该过程。设执行本程序时输入为 5，即求 5!。在主函数中的调用语句即为 y=ff(5)，进入 ff 函数后，由于 n=5，不等于 0 或 1，故应执行 f=ff(n-1)*n，即 f=ff(5-1)*5。该语句对 ff 作递归调用即 ff(4)。

进行四次递归调用后，ff 函数形参取得的值变为 1，故不再继续递归调用而开始逐层返回主调函数。ff(1)的函数返回值为 1，ff(2)的返回值为 1*2=2，ff(3)的返回值为 2*3=6，ff(4)的返回值为 6*4=24，最后返回值 ff(5)为 24*5=120。

结果为：

```
enter n:5↙
5!=120
```

程序 7.8 也可以不用递归的方法来完成。如可以用递推法，即从 1 开始乘以 2，再乘以 3……直到 n。递推法比递归法更容易理解和实现。但是有些问题则只能用递归算法才能实现。典型的问题是 Hanoi 塔问题。

程序文本【7.9】 Hanoi 塔问题

一块板上有三根针 A、B、C。A 针上套有 64 个大小不等的圆盘，大的在下，小的在上。要把这 64 个圆盘从 A 针移动到 C 针上，每次只能移动一个圆盘，移动可以借助 B 针进行。但在任何时候，任何针上的圆盘都必须保持大盘在下，小盘在上。求移动的步骤。

本题算法分析如下，设 A 上有 n 个盘子。

如果 n=1，则将圆盘从 A 直接移动到 C。

如果 n=2，则：

① 将 A 上的 n−1(等于 1)个圆盘移到 B 上；

② 再将 A 上的一个圆盘移到 C 上；

③ 最后将 B 上的 n−1(等于 1)个圆盘移到 C 上。

如果 n=3，则：

（1）将 A 上的 n−1(等于 2，令其为 n')个圆盘移到 B(借助于 C)，步骤如下：

① 将 A 上的 n'−1(等于 1)个圆盘移到 C 上。

② 将 A 上的一个圆盘移到 B。

③ 将 C 上的 n'−1(等于 1)个圆盘移到 B。

（2）将 A 上的一个圆盘移到 C。

（3）将 B 上的 n−1(等于 2，令其为 n')个圆盘移到 C(借助 A)，步骤如下：

① 将 B 上的 n'−1(等于 1)个圆盘移到 A。

② 将 B 上的一个盘子移到 C。

③ 将 A 上的 n'−1(等于 1)个圆盘移到 C。

到此，完成了三个圆盘的移动过程。

从上面分析可以看出，当 n≥2 时，移动的过程可分解为三个步骤：

第一步　把 A 上的 n−1 个圆盘移到 B 上；

第二步　把 A 上的一个圆盘移到 C 上；

第三步　把 B 上的 n−1 个圆盘移到 C 上；其中第一步和第三步是类同的。

当 n=3 时，第一步和第三步又分解为类同的三步，即把 n'−1 个圆盘从一个针移到另一个针上，这里的 n'=n−1。显然这是一个递归过程，据此算法可编程如下：

```
move(int n,int x,int y,int z)
{
    if(n==1)
      printf("%c-->%c\n",x,z);
    else
    {
      move(n-1,x,z,y);
      printf("%c-->%c\n",x,z);
      move(n-1,y,x,z);
    }
}
main()
{
    int h;
    printf("\ninput number:\n");
    scanf("%d",&h);
    printf("the step to moving %2d diskes:\n",h);
    move(h,'a','b','c');
}
```

从程序中可以看出，move 函数是一个递归函数，它有四个形参 n、x、y、z。n 表示圆盘数，x、y、z 分别表示三根针。move 函数的功能是把 x 上的 n 个圆盘移动到 z 上。当 n= =1 时，直接把 x 上的圆盘移至 z 上，输出 x→z。如 n!=1 则分为三步：递归调用 move 函数，把

n−1 个圆盘从 x 移到 y；输出 x→z；递归调用 move 函数，把 n−1 个圆盘从 y 移到 z。在递归调用过程中 n=n−1，故 n 的值逐次递减，最后 n=1 时，终止递归，逐层返回。当 n=4 时程序运行的结果为：

```
input number:
4
the step to moving 4 diskes:
a→b
a→c
b→c
a→b
c→a
c→b
a→b
a→c
b→c
b→a
c→a
b→c
a→b
a→c
b→c
```

7.8 作用域和存储类型

定义一个变量时要告诉系统变量的类型，系统会给变量分配相应的内存空间，但是变量的存在时间以及变量存在时是否可用等问题对于程序设计人员来说不一定很清楚。本节将要介绍与此相关的问题。

7.8.1 变量的存在性和可见性

C 语言中，决定变量的性质主要依靠 3 个因素。第一个是变量数据类型，它决定了变量的存储空间大小，诸如 int、float 等就是表达变量数据类型的关键字；第二个是变量的作用域，它说明了一个变量在程序中起作用的范围；第三个是变量的存储类型，它规定了在程序中将变量存放于何种存储机构上。

作用域（也称可见性）是指变量起作用的程序范围。从作用域角度区分，变量可分为局部变量和全局变量。

变量的生存期（也称存在性）是指某一时间范围，在该时间范围内变量在内存中存放。从生存期角度来分，变量可分为静态存储变量和动态存储变量。静态存储变量存放在内存中的静态存储区，动态存储变量存放在内存中的动态存储区。因此静态变量在程序整个运行中都存在，而只有当包含动态存储变量的函数被调用时，才为该动态存储变量临时分配单元，所以动态存储变量只在函数的执行过程中存在。

7.8.2 局部变量和全局变量

在讨论函数的形参变量时曾经提到，形参变量只在被调用期间才分配内存单元，调用结束立即释放。这一点表明形参变量只有在函数内才是有效的，离开该函数就不能再使用了。这种变量有效性的范围称变量的作用域。不仅对于形参变量，C 语言中所有的量都有自己的作用域。变量说明的方式不同，其作用域也不同。C 语言中的变量，按作用域范围可分为两种，即局部变量和全局变量。

1. 局部变量

局部变量也称为内部变量。局部变量是在函数内作定义说明的。其作用域仅限于函数内，离开该函数后再使用这种变量是非法的。

例如：

```
int f1(int a)            /*函数 f1*/
{
   int b,c;
   ……
}
```

在函数 f1 内 a、b、c 有效。

```
int f2(int x)            /*函数 f2*/
{
   int y,z;
   ……
}
```

在函数 f2 内 x、y、z 有效。

```
main()
{
   int m,n;
   ……
}
```

在主函数内 m、n 有效。

在函数 f1 内定义了三个变量，a 为形参，b、c 为一般变量。在 f1 的范围内 a、b、c 有效，或者说 a、b、c 变量的作用域限于 f1 内。同理，x、y、z 的作用域限于 f2 内。m、n 的作用域限于 main 函数内。关于局部变量的作用域还要说明以下几点：

主函数中定义的变量也只能在主函数中使用，不能在其他函数中使用。同时，主函数中也不能使用其他函数中定义的变量。因为主函数也是一个函数，它与其他函数是平行关系。这一点是与其他语言不同的，应予以注意。

形参变量是属于被调函数的局部变量，实参变量是属于主调函数的局部变量。

允许在不同的函数中使用相同的变量名，它们代表不同的对象，分配不同的单元，互不干扰，也不会发生混淆。如在前例中，形参和实参的变量名都为 n，是完全允许的。

在复合语句中也可定义变量，其作用域只在复合语句范围内。

例如：

```
main()
{
    int s,a;
    ……
    {
    int b;
    s=a+b;
    ……                          /*b 作用域*/
    }
  ……                            /*s,a 作用域*/
}
```

程序文本【7.10】

```
main()
{
    int i=2,j=3,k;
    k=i+j;
    {
      int k=8;
      printf("%d\n",k);
    }
    printf("%d\n",k);
}
```

本程序在 main 中定义了 i、j、k 三个变量，其中 k 未赋初值。而在复合语句内又定义了一个变量 k，并赋初值为 8。应该注意这两个 k 不是同一个变量。在复合语句外由 main 定义的 k 起作用，而在复合语句内则由在复合语句内定义的 k 起作用。因此程序第 4 行的 k 为 main 所定义，其值应为 5。第 7 行输出 k 值，该行在复合语句内，由复合语句内定义的 k 起作用，其初值为 8，故输出值为 8，第 9 行输出 i、k 值。i 是在整个程序中有效的，第 7 行对 i 赋值为 3，故以输出也为 3。而第 9 行已在复合语句之外，输出的 k 应为 main 所定义的 k，此 k 值由第 4 行已获得为 5，故输出也为 5。

结果为：

```
8
5
```

2．全局变量

全局变量也称为外部变量，它是在函数外部定义的变量。它不属于哪一个函数，它属于一个源程序文件。其作用域是整个源程序。在函数中使用全局变量，一般应作全局变量说明。只有在函数内经过说明的全局变量才能使用。全局变量的说明符为 extern。但在一个函数之前定义的全局变量，在该函数内使用可不再加以说明。

例如：

```
int a,b;                /*外部变量*/
void f1()               /*函数 f1*/
{
  ……
}
float x,y;              /*外部变量*/
int fz()                /*函数 fz*/
{
  ……
}
main()                  /*主函数*/
{
  ……
}
```

从上例可以看出 a、b、x、y 都是在函数外部定义的外部变量，都是全局变量。但 x、y 定义在函数 f1 之后，而在 f1 内又无对 x、y 的说明，所以它们在 f1 内无效。a、b 定义在源程序最前面，因此在 f1、f2 及 main 内不加说明也可使用。

程序文本【7.11】 输入正方体的长宽高 l、w、h。求体积及三个面 x*y、x*z、y*z 的面积。

```
int s1,s2,s3;
int vs( int a,int b,int c)
{
    int v;
    v=a*b*c;
    s1=a*b;
    s2=b*c;
    s3=a*c;
    return v;
}
main()
{
  int v,l,w,h;
  printf("\ninput length,width and height\n");
  scanf("%d%d%d",&l,&w,&h);
  v=vs(l,w,h);
```

```
    printf("\nv=%d,s1=%d,s2=%d,s3=%d\n",v,s1,s2,s3);
}
```

程序文本【7.12】 外部变量与局部变量同名。

```
int a=3,b=5;            /*a,b 为外部变量*/
max(int a,int b)        /*a,b 为外部变量*/
{int c;
  c=a>b?a:b;
  return(c);
}
main()
{int a=8;
  printf("%d\n",max(a,b));
}
```

如果同一个源文件中，外部变量与局部变量同名，则在局部变量的作用范围内，外部变量被“屏蔽”，即它不起作用。

7.8.3 变量的存储类型

变量的存储类型分为：动态存储方式与静态存储方式。

前面已经介绍了，从变量的作用域（即从空间）角度来分，可以分为全局变量和局部变量。

从另一个角度，从变量值存在的时间（即生存期）角度来分，可以分为静态存储方式和动态存储方式。

静态存储方式：是指在程序运行期间分配固定的存储空间的方式。

动态存储方式：是在程序运行期间根据需要进行动态的分配存储空间的方式。

用户存储空间可以分为三个部分：程序区、静态存储区、动态存储区。

全局变量全部存放在静态存储区，在程序开始执行时给全局变量分配存储区，程序执行完毕就释放。在程序执行过程中它们占据固定的存储单元，而不动态地进行分配和释放。

动态存储区存放以下数据：函数形式参数、自动变量（未加 static 声明的局部变量）、函数调用时的现场保护和返回地址。

对以上这些数据，在函数开始调用时分配动态存储空间，函数结束时释放这些空间。

在 C 语言中，每个变量和函数有两个属性：数据类型和数据的存储类别。

1）auto 变量

函数中的局部变量，如不专门声明为 static 存储类别，都是动态地分配存储空间的，数据存储在动态存储区中。函数中的形参和在函数中定义的变量（包括在复合语句中定义的变量）都属此类，在调用该函数时系统会给它们分配存储空间，在函数调用结束时就自动释放这些存储空间。这类局部变量称为自动变量。自动变量用关键字 auto 作存储类别的声明。

例如：

```
int f(int a)                 /*定义 f 函数，a 为参数*/
```

```
{auto int b,c=3;            /*定义 b、c 自动变量*/
……
}
```

a 是形参，b、c 是自动变量，对 c 赋初值 3。执行完 f 函数后，自动释放 a、b、c 所占的存储单元。

关键字 auto 可以省略，auto 不写则隐含定为“自动存储类别”，属于动态存储方式。

2）用 static 声明局部变量

有时希望函数中的局部变量的值在函数调用结束后不消失而保留原值，这时就应该指定局部变量为“静态局部变量”，用关键字 static 进行声明。

程序文本【7.13】 考察静态局部变量的值。

```
f(int a)
{auto b=0;
  static c=3;
  b=b+1;
  c=c+1;
  return(a+b+c);
}
main()
{int a=2,i;
  for(i=0;i<3;i++)
  printf("%d",f(a));
}
```

对静态局部变量的说明：

静态局部变量属于静态存储类别，在静态存储区内分配存储单元。在程序整个运行期间都不释放。而自动变量（即动态局部变量）属于动态存储类别，占动态存储空间，函数调用结束后即释放。

静态局部变量在编译时赋初值，即只赋初值一次；而对自动变量赋初值是在函数调用时进行，每调用一次函数重新给一次初值，相当于执行一次赋值语句。

如果在定义局部变量时不赋初值的话，则对静态局部变量来说，编译时自动赋初值 0（对数值型变量）或空字符（对字符变量）。而对自动变量来说，如果不赋初值则它的值是一个不确定的值。

程序文本【7.14】 打印 1～5 的阶乘值。

```
int fac(int n)
{static int f=1;
  f=f*n;
  return(f);
}
main()
{int i;
  for(i=1;i<=5;i++)
```

```
    printf("%d!=%d\n",i,fac(i));
  }
```

3）register 变量

为了提高效率，C 语言允许将局部变量的值放在 CPU 中的寄存器中，这种变量叫"寄存器变量"，用关键字 register 作声明。

程序文本【7.15】 使用寄存器变量。

```
int fac(int n)
{register int i,f=1;
  for(i=1;i<=n;i++)
f=f*i
  return(f);
}
main()
{int i;
  for(i=0;i<=5;i++)
  printf("%d!=%d\n",i,fac(i));
}
```

说明：

只有局部自动变量和形式参数可以作为寄存器变量；

一个计算机系统中的寄存器数目有限，不能定义任意多个寄存器变量；

局部静态变量不能定义为寄存器变量。

4）extern 声明外部变量

外部变量（即全局变量）是在函数的外部定义的，它的作用域为从变量定义处开始，到本程序文件的末尾。如果外部变量不在文件的开头定义，其有效的作用范围只限于定义处到文件终了。如果在定义点之前的函数想引用该外部变量，则应该在引用之前用关键字 extern 对该变量作"外部变量声明"。表示该变量是一个已经定义的外部变量。有了此声明，就可以从"声明"处起，合法地使用该外部变量。

程序文本【7.16】 用 extern 声明外部变量，扩展程序文件中的作用域。

```
int max(int x,int y)
{int z;
  z=x>y?x:y;
  return(z);
}
main()
{extern A,B;
  printf("%d\n",max(A,B));
}
int A=13,B=-8;
```

说明：在本程序文件的最后 1 行定义了外部变量 A、B，但由于外部变量定义的位置在函数 main 之后，因此在 main 函数中不能引用外部变量 A、B。现在我们在 main 函数中用 extern 对 A 和 B 进行"外部变量声明"，就可以从"声明"处起，合法地使用该外部变量 A 和 B 了。

7.9 C语言趣味程序设计实例7

题目：谜语博士的难题（2）

两面族是荒岛上的一个新民族，他们的特点是说话真一句假一句且真假交替。如果第一句为真，则第二句就是假的；如果第一句为假的，则第二句就是真的。但是第一句是真是假没有规律。

谜语博士遇到三个人，知道他们分别来自三个不同的民族：诚实族、说谎族和两面族。三人并肩站在博士面前。

博士问左边的人："中间的人是什么族的？"，左边人回答："诚实族的"。

博士问中间的人："你是什么族的？"，中间人回答："两面族的"。

博士问右边的人："中间的人究竟是什么族的？"右边人回答："说谎族的"。

请问：这三个人都是哪个民族的？

1）问题分析与算法设计

这个问题是两面族问题中最基本的问题，它比前面只有诚实族和说谎族的问题要复杂。解题时要使用变量将这三个民族分别表示出来。

令：变量A=1表示左边的人是诚实族的（用C语言表示为A）；

变量B=1表示中间的人是诚实族的（用C语言表示为B）；

变量C=1表示右边的人是诚实族的（用C语言表示为C）；

变量AA=1表示左边的人是两面族的（用C语言表示为AA）；

变量BB=1表示中间的人是两面族的（用C语言表示为BB）；

变量CC=1表示右边的人是两面族的（用C语言表示为CC）。

则：左边的人是说谎族可以表示为：A！=1且AA！=1（不是诚实族和两面族的人）

用C语言表示为：！A && ！AA

中间的人是说谎族可以表示为：B！=1且BB！=1

用C语言表示为：！B && ！BB

右边的人是说谎族可以表示为：C！=1且CC！=1

用C语言表示为：！C && ！CC

根据题目中"三人来自三个民族"的条件，可以列出：

a+aa!=2 && b+bb!=2 && c+cc!=2 且 a+b+c=1 && aa+bb+cc=1

根据左边人的回答可以推出：若他是诚实族，则中间的人也是诚实族；若他不是诚实族，则中间的人也不是诚实族。以上条件可以表示为：

a && !aa && b && !bb || !a && !b

根据中间人的回答可以推出：他不是诚实族的人。则可以用下列逻辑式表示：

!b

根据右边人的回答可以推出：若他是诚实族，则中间人是说谎族的；若他是说谎族的，中间的人就不是说谎族的（是诚实族或两面族的）；若右边的人是两面族的，则他的回答对问题的答案无关紧要。以上条件可以表示为：

c && !b && !bb || (!c && !cc)&&(b||bb)||!c&&cc

将全部逻辑条件联合在一起，利用穷举的方法求解，凡是使上述条件同时成立的变量取值就是题目的答案。

2）程序与程序注释

```
main()
{ int a,b,c,aa,bb,cc;
   for(a=0;a<=1;a++)
     for(b=0;b<=1;b++)
       for(c=0;c<=1;c++)
         for(aa=0;aa<=1,aa++)
           for(bb=0;bb<=1;bb++)
             for(cc=0;cc<=1;cc++)
              if(a+aa!=2 && b+bb!=2 && c+cc!=2 && a+b+c=1 && aa+bb+cc=1
                    && (a && !aa && b && !bb || !a && !b) && !b
                    && (c && !b && !bb || (!c && !cc)&&(b||bb)||!c&&cc))
                printf("The man stand on letf is a %s.\n", aa? "double-dealer":(a? "honest":"lier");
                printf("The man stand on center is a %s.\n", bb? "double-dealer":(b? "honest":"lier");
                printf("The man stand on right is a %s.\n", cc? "double-dealer":(c? "honest":"lier");
```

3）运行结果

```
The man stand on letf is a double-dealer.（左边的人是两面族的）
The man stand on center is a lier.          （中间的人是说谎族的）
The man stand on right is a honest.         （右边的人是诚实族的）
```

7.10 本章小结

1．函数的分类

（1）库函数：由C系统提供的函数；

（2）用户自定义函数：由用户自己定义的函数；

（3）有返回值的函数：由调用者返回函数值，应说明函数类型（即返回值的类型）；

（4）无返回值的函数：不返回函数值，说明为空（void）类型；

（5）有参函数：主调函数向被调用函数传送数据；

（6）无参函数：主调函数与被调用函数间无数据传送；

（7）内部函数：只能在本源文件中使用的函数；

（8）外部函数：可在整个源程序中使用的函数。

2．函数定义的一般形式

类型说明符　函数名（[形参参数]）

（1）函数调用的一般形式：函数名（[形参参数]）

（2）函数的参数分为形参和实参两种，形参出现在函数定义中，实参出现在函数调用中，发生函数调用时，将把实参的值传送给形参。

（3）函数的值是指函数的返回值，它在函数中由return语句返回。

（4）数组名作为函数参数时不进行值传递而进行地址传递。形参和实参实际上为同一数组的两个名称。因此形参数组的值发生变化，实参数组的值当然也发生变化。

（5）C语言中，允许函数的嵌套调用和函数的递归调用。

（6）变量的作用域是指变量在程序中的有效范围，分为局部变量和全局变量。

（7）变量的存储类型是指变量在内存中的存储方式，分为静态存储和动态存储，表示了变量的生存期。

7.11 复习题

一、选择题

1．有以下程序

```
# include
void f(char *s, char *t)
    { char k;
    k=*s; *s=*t; *t=k;
    s++; t--;
    if (*s) f(s, t);
    }
    main()
    { char str[10]="abcdefg", *p ;
    p=str+strlen(str)/2+1;
    f(p, p-2);
    printf("%s\n",str);
    }
```

程序运行后的输出结果是（　　）。

A．abcdefg　　B．gfedcba　　C．gbcdefa　　D．abedcfg

2．有以下程序

```
float f1(float n)
    { return n*n; }
    float f2(float n)
    { return 2*n; }
    main()
    { float (*p1)(float),(*p2)(float),(*t)(float), y1, y2;
    p1=f1; p2=f2;
    y1=p2( p1(2.0) );
```

C语言程序设计教程

```
        t = p1; p1=p2; p2 = t;
        y2=p2( p1(2.0) );
        printf("%3.0f, %3.0f\n",y1,y2);
        }
```

程序运行后的输出结果是（　　）。

A．8, 16　　B．8, 8　　C．16, 16　　D．4, 8

3．程序中若有以下的说明和定义语句

```
    char fun(char *);
    main()
        {
        char *s="one",a[5]={0},(*f1)()=fun,ch;
        ……
        }
```

以下选项中对函数 fun 的正确调用语句是（　　）。

A．(*f1)(a);　　B．*f1(*s);　　C．fun(&a);　　D．ch=*f1(s);

4．在函数调用过程中，如果函数 funA 调用了函数 funB，函数 funB 又调用了函数 funA，则（　　）。

A．称为函数的直接递归调用

B．称为函数的间接递归调用

C．称为函数的循环调用

D．C 语言中不允许这样的递归调用

5．有以下程序

```
    void fun(int *a,int i,int j)
        { int t;
        if(i
        { t=a[i];a[i]=a[j];a[j]=t;
        i++; j--;
        fun(a,i,j);
        }
        }
        main()
        { int x[]={2,6,1,8},i;
        fun(x,0,3);
        for(i=0;i<4;i++) printf("%2d",x[i]);
        printf("\n");
        }
```

程序运行后的输出结果是（　　）。

A．1 2 6 8　　B．8 6 2 1　　C．8 1 6 2　　D．8 6 1 2

6．有以下程序

```
#include
      main(int argc ,char *argv[ ])
      { int i,len=0;
      for(i=1;i
      printf("5d\n",len);
      }
```

经编译链接后生成的可执行文件是 ex.exe，若运行时输入以下带参数的命令行

ex abcd efg h3 k44

执行后输出结果是（　　）。

A．14　　B．12　　C．8　　D．6

7．有以下程序

```
void f(int a[],int i,int j)
      { int t;
      if(i
      { t=a[i]; a[i]=a[j];a[j]=t;
      f(a,i+1,j−1);
      }}
      main( )
      { int i,aa[5]={1,2,3,4,5};
      f(aa,0,4);
      for(i=0;i<5;i++) printf("%d,",aa[i]); printf("\n");
      }
```

执行后输出结果是（　　）。

A．5,4,3,2,1　　B．5,2,3,4,1　　C．1,2,3,4,5

8．有以下程序

```
void fun(int *a,int i,int j)
      { int t;
      if(i
      { t=a[i];a[i]=a[j];a[j]=t;
      fun(a,++i,− −j);
      }
      }
      main()
      { int a[]={1,2,3,4,5,6},i;
      fun(a,0,5)
      for(i=0;i<6;i++)
      printf("%d",a[i]);
      }
```

执行后的输出结果是（　　）。

A. 6 5 4 3 2 1　　B. 4 3 2 1 5 6　　C. 4 5 6 1 2 3　　D. 1 2 3 4 5 6

9．有以下程序

```
int f(int n)
    { if (n==1) return 1;
    else return f(n−1)+1;
    }
    main()
    { int i,j=0;
    for(i=i;i<3;i++) j+=f(i);
    printf("%d\n",j);
    }
```

程序运行后的输出结果是（　　）。

A. 4　　B. 3　　C. 2　　D. 1

10. 有以下程序

```
#include
    main(int argc,char *argv[])
    { int i,len=0;
    for(i=1;i
    printf("%d\n",len);
    }
```

程序编译连接后生成的可执行文件是 ex1.exe，若运行时输入带参数的命令行是：

ex1 abcd efg 10<↙>

则运行的结果是：（　　）。

A. 22　　B. 17　　C. 12　　D. 9

二、填空题

1．以下程序运行后的输出结果是＿＿＿＿＿＿＿＿。

```
int f(int a[], int n)
    { if (n >= 1) return f(a, n-1)+a[n-1];
    else return 0;
    }
    main()
    { int aa[5]={1,2,3,4,5}, s;
    s=f(aa, 5); printf("%d\n", s);
    }
```

2．下面程序的运行结果是：＿＿＿＿＿＿＿＿。

```
int f( int a[], int n)
    { if(n>1) return a[0]+f(&a[1],n-1);
    else return a[0];
```

```
        }
        main ( )
        { int aa[3]={1,2,3},s;
        s=f(&aa[0],3); printf("%d\n",s);
        }
```

3．以下程序运行后的输出结果是______________。

```
fun(int x)
    { if (x/2>0) fun(x/2);
    printf("%d",x);
    }
    main()
    { fun (6); }
```

4．设函数 findbig 已定义为求 3 个数中的最大值。以下程序将利用函数指针调用 findbig 函数。请填空________。

```
main()
    { int findbig(int,int,int);
    int (*f)(),x,yz,z,big;
    f=____________;
    scanf("%d%d%d",&x,&y,&z);
    big=(*f)(x,y,z);
    printf("bing=%d\n",big);
    }
```

5．以下程序的输出结果是______________。

```
main()
    { int x=0;
    sub(&x,8,1);
    printf("%d\n",x);
    }
    sub(int *a,int n,int k)
    { if(k<=n) sub(a,n/2,2*k);
    *a+=k;
    }
```

三、编程题

1．编写函数，给出年月日，计算该日是本年的第几天。

2．输入任意 n 个整数，再输入一个整数 m，在 n 中找出与 m 最接近的整数，并用 m 置换该数。

3．编写一个求 X 的 Y 次幂的递归函数，X 为 double 型，Y 为 int 型，要求从主函数输入 X、Y 的值，调用函数求其幂。

C语言程序设计教程

7.12 程序设计实践

1．编写程序，输入 2 个数，并调用自己编写的函数交换 a 和 b 中的值。

2．编写 fac 函数，该函数的功能是计算 n!，再调用该函数，计算 1!+3!+5!+…+19!的值。

3．输入一个字符串，调用函数判断该字符串是不是回文。所谓回文是顺序读和倒序读完全一样的字符串。例如，字符串“eye”是回文。

C语言程序设计教程

第8章 指　针

关键字

指针变量
行指针（数组指针）
指针数组

运算符

*　&

C语言程序设计教程

C 语言中分别把整型、实型、字符型数据视为一种基本数据类型，把存放其中某种类型数据的变量称为某种类型变量。如存放整型类型数据的变量称为整型变量。同样，C 语言把内存单元地址也看做一种数据类型。由于地址起到指向某个存储单元的作用，因此常称地址为“指针”。于是把一个地址存放在某个变量里面，那么就称这个变量为指针变量。

那么在 C 语言中，如何定义一个指针型变量？在程序中如何使用指针型变量？这些都将是我们关心的问题。在本章里，读者将学到指针的基本概念、指针的使用及运算、指针与数组、指向字符串的指针及指针数组等内容。

8.1　指针的基本概念

在计算机中，所有的数据都是存放在存储器中的。一般把存储器中的一个字节称为一个内存单元，不同的数据类型所占用的内存单元数不等，如整型量占 2 个单元，字符量占 1 个单元等。为了正确地访问这些内存单元，必须为每个内存单元编上号。根据一个内存单元的编号即可准确地找到该内存单元。内存单元的编号也叫做地址。根据内存单元的地址就可以找到所需的内存单元，所以通常也把这个地址称为指针。

在C语言中，允许用一个变量来存放指针，这种变量称为指针变量，因此，指针变量是专门用于存储其他变量地址的变量。

例如:

变量	存储单元地址	存储单元内容
x	2000	3
px	3000	2000

图 8.1 中，设有整型变量 x，其内容为 3，x 占用了起始地址为 2000 的内存单元。设有指针变量 px，它的存储单元中存放的是变量 x 的地址，即 2000。这种情况我们称 px 指向变量 x，或说 px 是指向变量 x 的指针。

严格地说，一个指针是一个地址，是一个常量。而一个指针变量却可以被赋予不同的指针值，是变量。但是常把指针变量简称为指针。为了避免混淆，我们认为:“指针”是指地址，是常量，“指针变量”是指取值为地址的变量，指针与指针变量的区别，就是变量值与变量的区别。定义指针的目的是为了通过指针去访问内存单元。

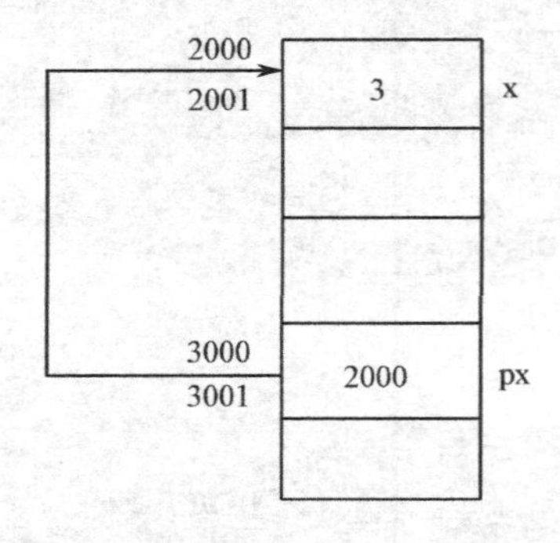

图 8.1　变量、指针及指针变量

8.2 指针变量的使用与指针运算

8.2.1 指针变量的定义

从前面学习中知道，指针变量就是存放内存地址的变量，指针变量和普通变量一样，必须先定义后使用，对指针变量的定义包括三个内容：

指针类型说明，即定义变量为一个指针变量；

指针变量名；

指针所指向的变量的数据类型。

其格式为：

类型说明符 *指针变量名 1；/*定义单个指针变量*/

类型说明符 *指针变量名 1;*指针变量名 2;*指针变量名 3…； /*定义多个同类型指针变量*/

其中，*是指针说明符，用来说明*后面的变量是指针类型变量，类型说明符表示指针变量所指向的变量的数据类型。

例如：

int *p1; /*表示 p1 是一个指针变量，它的值是某个整型变量的地址。或者说 p1 指向一个整型变量。对于 p1 到底指向哪一个整型变量，应由向 p1 赋予的地址来决定/*。

```
int *p1,*p2,*p3;   /*p1、p2、p3 均是指向整型变量的指针变量*/
int *p4;           /*p4 是指向整型变量的指针变量*/
float *p5;         /*p5 是指向单精度型变量的指针变量*/
char *p6;          /*p6 是指向字符变量的指针变量*/
```

注意：一个指针变量只能指向同类型的变量，如 p5 只能指向浮点变量，不能时而指向一个单精度型变量，时而又指向一个字符变量。这就如同商品的标签一样，贴计算机的标签到不能贴到食品上。

8.2.2 指针变量的初始化

若有定义:“int a,*p;”此语句仅定义了指针变量，但指针变量并未指向确定的变量(或内存单元)。因为指针变量还没有被赋给确定的地址值，只有将某一具体变量的地址赋给指针变量之后，指针变量才指向确定的变量(内存单元)。在定义指针变量的同时对其赋初值，称为指针变量初始化，下面我们来看一下如何对指针变量初始化。

指针变量的值是地址，地址是个无符号整数。但不能直接将整型常量值赋给指针变量，如：int *p1 =12345u 此语句是错误的。那么指针变量是如何得到它的值呢？通过变量的地址给指针变量赋值。下面我们将了解一下指针变量初始化的两个内容。

1）变量地址的表示方式

&变量名； /* &为求地址运算符*/

2）指针变量初始化

在定义指针的同时给指针一个初始值，称为指针变量初始化。初始化时可以将已经定义的变量的地址赋给指针变量，或者赋空值。

C语言程序设计教程

例如：

```
int a,*p=&a;     /*定义了一个指针变量 p，并将变量 a 的地址值赋给了指针 p*/
int *px=NULL;    /*定义了一个指针变量 px，赋空值表示 px 不指向任何单元*/
```

注意：指针变量的类型应该与所指地址的变量的数据类型一致。

8.2.3 指针的两个运算

C 语言提供了两种与指针有关的运算符：取地址运算符&和访问地址运算符*。

格式：

&任意变量　　　　　　　　取变量的地址

*指针变量　　　　　　　　取指针变量所指向的变量的内容

例如：

```
int y=50,*p,x;
p=&y;    /*  &y 表示取 y 所占据的内存空间的首地址。将变量的地址赋给指针变量 p, p 指向变量 y*/
x=*p;    /*  *p 表示取指针变量 p 所指向变量 y 的内容，即指针变量 p 所指向的变量 y 的值*/
```

注意：取地址运算符“&”是取变量的地址而不是取其值。

程序中第一条语句与第三条语句均出现了*p，但意义不同。第一条语句中*p 表示将变量定义为指针变量，用“*”以区别普通变量。而第三条语句中的“*p”是使用指针变量 p，此处的“*”是运算符，表示取指针变量所指向单元的内容。

变量 y 与指向变量 y 的指针 p 之间有下列等价关系：

x=y 等价于 x=*p

y++等价于 (*p)++

x=y+6 等价于 x=(*p)+6

程序文本【8.1】

```
main()
{
  int a=5,*p=&a;
  printf("%d",*p);
}
```

结果是：5

上述程序定义了一个整型变量 a，指向整型变量 a 的指针变量 p，输出 p 所指向的单元 a 中的内容为 5。

8.2.4 指针变量的引用

对指针变量的引用，一般用于给指针变量赋地址，在对指针赋地址后，就可以通过指针变量对其指向的变量进行访问了。

1. 指针变量赋值

1）用变量的地址给指针变量赋值

例：

```
int a,b,*p;
p=&a;
int a,b,*px=&a;
```

2）用相同类型的指针变量赋值

例：

```
int a;
int *p1,*p2;
p1=&a;
p2=p1;
```

3）赋空值 NULL 或 0

例：

char *p=NULL　或 int *p=0;

注意：指针变量若赋空值，表示指针变量不指向任何变量。

指针变量在进行访问之前，一定要为其赋值。若不赋值，则指针变量指向是随机的，即可以指向任意变量，这样轻则影响程序正常运行，重则程序崩溃，因此，在使用指针时一定应该多加注意。

2. 通过指针变量访问所指变量

通过指针变量访问所指变量时需要经历两步，第一步让指针变量指向被访问的变量；第二步通过指针访问变量。

程序文本【8.2】

```
int a=8,b,*p;
p=&a;              /*将指针变量 p 指向变量 a*/
b=*p;              /*从指针变量 p 所指变量 a 中取内容给变量 b*/
*p=100;            /*将 100 存给指针变量所指变量 a*/
```

8.2.5　指针的算术运算、关系运算

1. 指针的算术运算（加减运算）

由于指针是一个整数，所以指针可以加、减一个整数n，其结果与指针所指对象的数据类型有关。指针变量的值应该增加或减少“n×sizeof(指针类型)”，即指针变量加 1，即向后移动 1 个位置表示指针指向下一个数据元素的首地址，而不是在原地址基础上加 1。

例如：

```
float a[10],*pa=a;
pa=pa+3; /*实际上 pa 加上 3*4 个字节赋给 pa，pa 指向数组的第三个分量*/
```

C语言程序设计教程

注意：指针变量的加减运算只能对数组指针变量进行，对指向其他类型变量的指针变量作加减运算是无意义的；两个指针变量之间的运算只有指向同一数组时它们之间才能进行运算，否则运算将失去意义。

设 p 是指向数组中某元素的指针（常量或变量），i 为整数表达式，则

p+i：指向当前所指元素后面第 i 个元素。

p−i：指向当前所指元素前面第 i 个元素。

设 p 是指向数组中某元素的指针变量：

p++：在引用 p 的当前值之后，p 移向下（后面）一个元素。

++p：在引用 p 的当前值之前，p 移向下（后面）一个元素，即++p。

指向 p 加 1 之后所对应的元素。

p− −：在引用 p 的当前值之后，p 移向上（前面）一个元素。

− −p：在引用 p 的当前值之前，p 移向上（前面）一个元素，即− −p。

指向 p 减 1 之后所对应的元素。

若 p1 与 p2 指向同一数组，p1−p2=两指针间元素个数，也为两指针所指元素的下标差值（其结果是一个整数而不是指针）。

例如 p1+p2 无意义。

例如：

```
int b[5],*p;
p=b;            /*p 指向数组 b，也指向 b[0]*/
p=p+3;          /*p 指向 b[3],即 p 的值为&b[3]*/
```

程序文本【8.3】

```
main(){
    int a=10,b=20,s,t,*pa,*pb; /*说明 pa,pb 为整型指针变量*/
    pa=&a;                        /*给指针变量 pa 赋值，pa 指向变量 a*/
    pb=&b;                        /*给指针变量 pb 赋值，pb 指向变量 b*/
    s=*pa+*pb;                    /*求 a+b 之和,(*pa 就是 a,*pb 就是 b)*/
    t=*pa**pb;                    /*本行是求 a*b 之积*/
    printf("a=%d\nb=%d\na+b=%d\na*b=%d\n",a,b,a+b,a*b);
    printf("s=%d\nt=%d\n",s,t);
}
```

结果是：

```
a=10
b=20
a+b=30
a*b=200
s=30
t=200
```

程序文本【8.4】

```
main()
{
```

```
    float f, *pf =&f;
    int i, *pn=&i;
    char c, *pc=&c;
    printf("\npf=%X, pn=%X, pc=%X",pf,pn,pc);
    pf=pf+2;
    pn++;
    pc+=3;
    printf("\npf=%X, pn=%X, pc=%X",pf,pn,pc);
    }
```

结果是（不同环境下内存地址值可能有所不同）：

```
    pf=FFBE, pn=FFC2, pc=FFC5
    pf=FFC6, pn=FFC4, pc=FFC8
```

通过输出的指针值可以看到，指针变量pf加2以后，其值不是变为FFBF，而是变为FFC6，偏移量为FFBE−FFC6 = 8个字节。这是因为，指针加1不是意味着指针值加1，而是意味着指针指向下一个内存单元。指针变量pf指向float型变量，float变量占用4个字节，因此pf+2的内存地址为：pf的内存地址 ＋2×sizeof(float)= FFBE＋2×4= FFC6。

同理，pn指向int型的变量，pn++执行后pn的内存地址为：FFD0+1×sizeof(int)= FFD2；pc指向char型变量，pc+3的内存地址为：FFD3+3×sizeof(char)= FFD6。

指针加法的一般计算公式是：如果指针变量的定义为 datatype *p; p初始地址值为DS，那么 p+n = DS + n×sizeof(datatype)。

2．指针的关系运算

与普通变量一样，指针可以进行关系运算，指向同一数组的两个指针变量进行关系运算可表示它们所指数组元素之间的关系。

例如：

有下面两个指针变量：

```
    p1==p2;        /*表示p1和p2指向同一数组元素*/
    p1>p2;         /*表示p1处于高地址位置*/
    p1<p2          /*表示p2处于高地址位置*/
```

注意：指针在进行关系运算之前，指针必须指向确定的变量或存储区域，即指针有初始值；另外，只有相同类型的指针才能进行比较。

程序文本【8.5】

```
    main(){
      int a,b,c,*pmax,*pmin;                 /*pmax,pmin为整型指针变量*/
      printf("input three numbers:\n");   /*输入提示*/
      scanf("%d%d%d",&a,&b,&c);              /*输入3个数字*/
      if(a>b){                               /*如果第1个数字大于第2个数字... */
        pmax=&a;                             /*指针变量赋值*/
        pmin=&b;}                            /*指针变量赋值*/
      else{
```

C语言程序设计教程

```
        pmax=&b;                              /*指针变量赋值*/
        pmin=&a;}                             /*指针变量赋值*/
    if(c>*pmax) pmax=&c;                      /*判断并赋值*/
    if(c<*pmin) pmin=&c;                      /*判断并赋值*/
        printf("max=%d\nmin=%d\n",*pmax,*pmin); /*输出结果*/
    }
```

输入 10 30 20↙

结果是：

```
max=30
min=10
```

8.3 指针与数组

8.3.1 指针与一维数组

指针变量是用于存放地址的变量，可以指向变量，当然也可以存放数组的首地址或数组元素的地址，这就是说，指针变量可以指向数组或数组元素。数组名是数组的首地址，也就是数组的指针。当指针变量中存放数组的首地址时，则说此指针变量为指向该数组的指针变量。

数组指针变量说明的一般形式为：

类型说明符 *指针变量名;

其中，“类型说明符”表示指针变量所指数组的类型；“*”表示其后的变量是指针变量。从数组指针变量的一般形式可看出，指向数组的指针变量和指向普通变量的指针变量的说明是相同的。

数组名就是指向此数组第 1 个元素的指针（首地址）。

例如：

int a[10],*p;则 p=a 等价于 p=&a[0];

指针变量 p 与数组 a 之间的关系如图 8.2 所示。

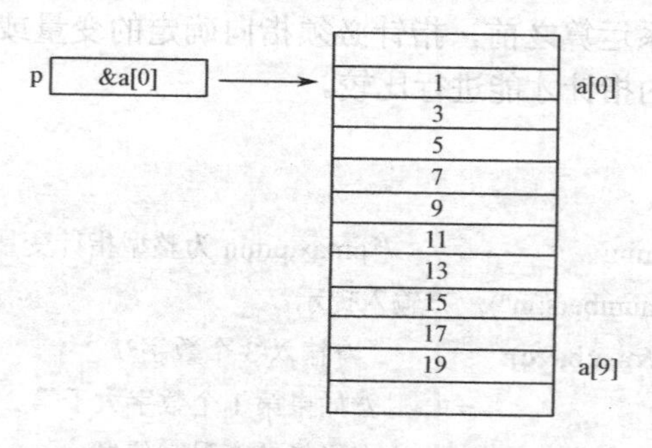

图 8.2 指针变量 p 与数组 a 之间的关系

注意：从图 8.2 中我们可以看出有以下关系：数组名（数组的指针）与指向数组首地址的指针变量不同，数组的指针是常量。P、a、&a[0]均指向同一单元，它们是数组 a 的首地址，也是 0 号元素 a[0]的首地址。应该说明的是 p 是变量，而 a、&a[0]都是常量。

某一元素的地址：p=&a[i];用指针引用此元素：*p 等价于 a[i]。

数组元素的下标在内部实现时，统一按“基地址+位移”的方式处理，即：a、a+1、a+i。

数组元素与指针之间的关系如图 8.3 所示。

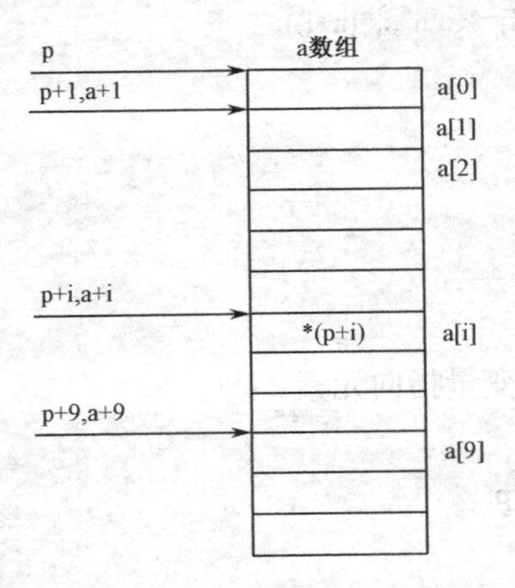

图 8.3　数组元素与指针之间的关系

图 8.3 表示数组元素的地址可以用 p+i 或 a+i 来表示。

表示数组元素的内容可以用下标法，如 a[i]或指针法，如*(p+i)、*(a+i)表示。

注意：C 语言编译程序计算实际地址的方法是“a+i×元素占用的字节数”。例如：例中整型数组 a 存放地址为 2000 的内存区，p 指向数组的首地址，则 p+1 指向数组的下一个元素，而不是简单地使指针变量 p 的值加 1。其实际变化为 2000+1×2=2002，而不是 2001。

下面举例说明使用不同方法输出数组中的全部元素。

程序文本【8.6】　下标法

```
main(){
        int a[10],i;
        for(i=0;i<10;i++)
        a[i]=i;
        for(i=0;i<5;i++)
        printf("a[%d]=%d\n",i,a[i]);
}
```

结果是：

```
a[0]=0
a[1]=1
a[2]=2
a[3]=3
a[4]=4
```

C语言程序设计教程

程序文本【8.7】 数组指针法：通过数组名计算元素的地址，找出元素的值。

```
main(){
        int a[4],i;
        for(i=0;i<4;i++)
        *(a+i)=i;
        for(i=0;i<4;i++)
        printf("a[%d]=%d\n",i,*(a+i));
}
```

结果是：

```
a[0]=0
a[1]=1
a[2]=2
a[3]=3
```

程序文本【8.8】 用指针变量指向元素。

```
main(){
            int a[4],i,*p;
             p=a;
 for(i=0;i<4;i++)
*(p+i)=i;
for(i=0;i<4;i++)
        printf("a[%d]=%d\n",i,*(p+i));
}
```

结果是：

```
a[0]=0
a[1]=1
a[2]=2
a[3]=3
```

8.3.2 指针与二维数组

1. 二维数组地址的表示方法

设有整型二维数组 b[2][2]，如图 8.4 所示。

b[0]	0	1
b[1]	6	8

图 8.4 整型二维数组 b[2][2]示意图

设数组 b 的首地址为 3000，则各下标变量的首地址及其值的情况如表 8.1 所示。

表 8.1 地址与对应的元素的值

地　址	元　素	元 素 值
3000	b[0][0]	0
3002	b[0][1]	1
3004	b[1][0]	6
3006	b[1][1]	8

在 C 语言中研究二维数组时，可以把二维数组当做多个一维数组来处理。因此二维数组 b 可当做两个一维数组，即 b[0]、b[1]。每个一维数组又含有两个元素，b[0]数组含有 b[0][0]、b[0][1]这两元素，b[1]数组含有 b[1][0]、b[1][1]这两元素。数组 b 的行指针与列指针如图 8.5 所示。

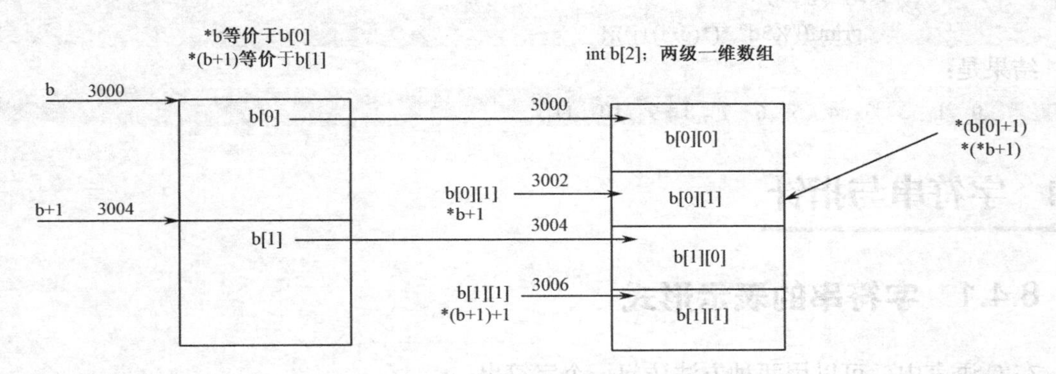

图 8.5 数组 b 的行指针与列指针

如图 8.5 所示，二维数组 int b[2][2]可以看成是 b 数组有 2 行 2 列，共有 4 个元素。

B——二维数组的首地址，即第 0 行的首地址；

b+i——第 i 行的首地址；

b[i] ⇔ *(b+i)——第 i 行第 0 列的元素地址；

b[i]+j ⇔ *(b+i)+j——第 i 行第 j 列的元素地址；

*(b[i]+j) ⇔ *(*(b+i)+j) ⇔ b[i][j]

b+i=&b[i]=b[i]=*(a+i)=&a[i][0]，值相等，含义不同。

b+i ⇔ &b[i],表示第 i 行首地址，指向行。

b[i] ⇔ *(b+i) ⇔ &b[i][0]，表示第 i 行第 0 列元素地址，指向列。

2. 二维数组的指针变量

把二维数组 b 分解为一维数组 b[0]、b[1]之后，如果设 p 为指向二维数组的指针变量。则 int (*p)[2]表示 p 是一个指针变量，它指向二维数组 b 或指向第一个一维数组 b[0]，其值等于 b、b[0]、&b[0][0]的值。从图 8.5 中分析可得知“*(p+i)+j”是二维数组 i 行 j 列的元素的地址，而“*（*(p+i)+j）”则是 i 行 j 列元素的值。

二维数组指针变量说明的一般形式为：类型说明符 （*指针变量名）[长度];

C语言程序设计教程 

其中“类型说明符”为所指数组的数据类型。“*”表示其后的变量是指针变量类型。“长度”表示二维数组分解为多个一维数组时，数组的长度，也就是二维数组的列数。

注意：“(*指针变量名)”两边括号不可少，若缺少括号则表示是指针数组，意义就完全不同了。

程序文本【8.9】

```
main ()
        {static int a[3][4]={0,1,2,3,4,5,6,7,8,9,10,11};
        int (*p)[4];
        int i,j;
        p=a;
        for(i=0;i<3;i++)
          for(j=0;j<4;j++)
            printf("%3d",*(*(p+i)+j));}
```

结果是：

```
0  1  2  3  4  5  6  7  8  9  10  11
```

8.4 字符串与指针

8.4.1 字符串的表示形式

在C语言中，可以用两种方法访问一个字符串。

1．用字符数组存放一个字符串，然后输出该字符串。

程序文本【8.10】

```
main(){
  char string[]="I love China! ";
  printf("%s\n",string);
}
```

结果是：

```
I  love  China!
```

说明：和数组属性一样，string是数组名，它代表字符数组的首地址。

2．用字符串指针指向一个字符串。

C语言的字符串是以'\0'作结束符的字符序列，一般用字符数组来存放字符串（即含'\0'的字符数组可以看做字符串）。

字符串指针就是字符数组的首地址，如：

char a[]="apple";

char b[]={'s', 'o ', 'r', 'r', 'y'};

定义字符串指针变量的一般形式为：

char *指针变量

如:

char *p,*q="haha ";

p="this is my bag";

char *p,c[8];p=c;

注意：p“指向”字符串的首地址,不是“存放”字符串。

程序文本【8.11】

```
main(){
    char *string="I love China! ";
    printf("%s\n",string);
}
```

结果是：

```
I love China!
```

程序中，首先定义 string 是一个字符指针变量，然后把字符串的首地址赋予 string（应写出整个字符串，以便编译系统把该串装入连续的一块内存单元），并把首地址送入 string。

8.4.2 字符数组与字符串指针变量比较

1. 存储内容不同

字符数组可以存放字符串，存的是字符；字符指针变量存的是字符串在内存的首地址。

2. 赋值方式不同

字符数组只能对各个元素赋值（一次只赋一个字符，要赋若干次）；字符指针变量只能赋值一次，赋的是地址，如：

char a[10],*p;

p="china";

3. 当没有赋值时

字符数组名代表了一个确切的地址；字符指针变量中的地址是不确定的，如：

char a[10],*p;

sacanf("%s",a);

4. 字符数组名不是变量，不能改变其值，而字符指针变量可以改变其值

如：

char a[]="I am xiao ming",p=a;p++;

5. 可以像数组那样用下标形式引用指针变量所指字符串中的字符

如：

char *p="abcd ";putchar(p[3]);p[2]= 'a';

程序文本【8.12】 输出字符串中 n 个字符后的所有字符。

```
main(){
   char *ps="this is a book";
   int n=10;
   ps=ps+n;
   printf("%s\n",ps);
}
```

结果是：

```
book
```

在程序中对 ps 初始化时，即把字符串首地址赋予 ps，当 ps= ps+10 之后，ps 指向字符"b"，因此输出为"book"。

8.5 用数组名作函数参数

在前面章节中曾经介绍过用数组名作函数的实参和形参的问题。在学习指针变量之后就更容易理解这个问题了。数组名就是数组的首地址，实参向形参传送数组名实际上就是传送数组的地址，形参得到该地址后也指向同一数组。这就好像同一件物品有两个彼此不同的名称一样。同样，指针变量的值也是地址，数组指针变量的值即为数组的首地址，当然也可作为函数的参数使用。

程序文本【8.13】 求 5 个数的平均值。

```
float aver(float *pa);
main(){
   float sco[5],av,*sp;
   int i;
   sp=sco;
   printf("\ninput 5 scores:\n");
   for(i=0;i<5;i++) scanf("%f",&sco[i]);
   av=aver(sp);
   printf("average score is %5.2f",av);
}
float aver(float *pa)
{
   int i;
   float av,s=0;
   for(i=0;i<5;i++) s=s+*pa++;
   av=s/5;
   return av;
}
输入 3.2 6.3 7.4 8.5 9.6↙
```

结果是：

```
average score is 7.00
```

程序文本【8.14】 从10个数中找出其中最大值和最小值。

调用一个函数只能得到一个返回值，今用全局变量在函数之间“传递”数据。

```
int max,min;          /*全局变量*/
void max_min_value(int array[],int n)
{int *p,*array_end;
 array_end=array+n;
 max=min=*array;
 for(p=array+1;p<array_end;p++)
    if(*p>max)max=*p;
    else if (*p<min)min=*p;
 return;
}
main()
{int i,number[10];
 printf("enter 10 integer umbers:\n");
 for(i=0;i<10;i++)
    scanf("%d",&number[i]);
 max_min_value(number,10);
 printf("\nmax=%d,min=%d\n",max,min);
 }
输入 16 38 45 67 85 56 90 74 49 94↙
```

结果是：

```
max=94,min=16
```

说明：

在函数 max_min_value 中求出的最大值和最小值放在 max 和 min 中。由于它们是全局，因此在主函数中可以直接使用。

函数 max_min_value 中的语句：

max=min=*array;

array 是数组名，它接收从实参传来的数组 numuber 的首地址。

array 相当于（&array[0]）。上述语句与“max=min=array[0];”等价。

在执行 for 循环时，p 的初值为 array+1，也就是使 p 指向 array[1]。以后每次执行 p++，使 p 指向下一个元素。每次将*p 和 max 与 min 比较。将大者放入 max，小者放 min，如图 8.6 所示。

函数 max_min_value 的形参 array 可以改为指针变量类型。实参也可以不用数组名，而用指针变量传递地址。

C语言程序设计教程

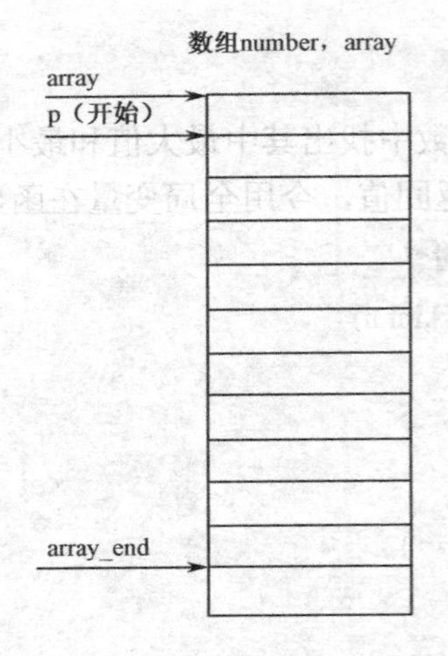

图 8.6　比大小

程序文本【8.15】　程序 8.14 可改为：

```
int max,min;            /*全局变量*/
void max_min_value(int *array,int n)
{int *p,*array_end;
 array_end=array+n;
 max=min=*array;
 for(p=array+1;p<array_end;p++)
    if(*p>max)max=*p;
    else if (*p<min)min=*p;
 return;
}
main()
{int i,number[10],*p;
 p=number;                    /*使 p 指向 number 数组*/
 printf("enter 10 integer umbers:\n");
 for(i=0;i<10;i++,p++)
    scanf("%d",p);
 p=number;
 max_min_value(p,10);
 printf("\nmax=%d,min=%d\n",max,min);
 }
```

输入 16 38 45 67 85 56 90 74 49 94↙

结果是：

```
max=94,min=16
```

归纳起来，如果有一个实参数组，想在函数中改变此数组的元素的值，实参与形参的对应关系有以下 4 种：

（1）形参和实参都是数组名。

（2）实参、形参都用指针变量。

（3）实参为指针变量，形参为数组名。

（4）实参数组，形参用指针变量。

程序文本【8.16】 用实参指针变量将 n 个整数按相反顺序存放。

```
void inv(int *x,int n)
{int *p,m,temp,*i,*j;
 m=(n-1)/2;
 i=x;j=x+n-1;p=x+m;
 for(;i<=p;i++,j--)
    {temp=*i;*i=*j;*j=temp;}
 return;
}
main()
{int i,arr[10]={3,7,9,11,0,6,7,5,4,2},*p;
 p=arr;
 printf("The original array:\n");
 for(i=0;i<10;i++,p++)
    printf("%d,",*p);
 printf("\n");
 p=arr;
 inv(p,10);
 printf("The array has benn inverted:\n");
 for(p=arr;p<arr+10;p++)
   printf("%d,",*p);
 printf("\n");
}
```

结果是：

```
The original array:3，7，9，11，0，6，7，5，4，2
The array has benn inverted:2，4，5，7，6，0，11，9，7，3
```

注意：main 函数中的指针变量 p 是有确定值的。即如果用指针变做实参，必须先使指针变量有确定值，指向一个已定义的数组。

程序文本【8.17】 用选择法对 10 个整数排序。

```
main()
{int *p,i,a[10]={3,7,9,11,0,6,7,5,4,2};
 printf("The original array:\n");
 for(i=0;i<10;i++)
    printf("%d,",a[i]);
 printf("\n");
 p=a;
 sort(p,10);
```

C语言程序设计教程

```
for(p=a,i=0;i<10;i++)
  {printf("%d   ",*p);p++;}
 printf("\n");
}
sort(int x[],int n)
{int i,j,k,t;
 for(i=0;i<n-1;i++)
    {k=i;
     for(j=i+1;j<n;j++)
        if(x[j]>x[k])k=j;
     if(k!=i)
     {t=x[i];x[i]=x[k];x[k]=t;}
     }
}
```

结果是：

```
The original array:
3，7，9，11，0，6，7，5，4，2
11  9  7  7  6  5  4  3  2  0
```

说明：函数 sort 用数组名作为形参，也可改为用指针变量，这时函数的首部可以改为 sort(int *x,int n)，其他可一律不改。

8.6 C 语言趣味程序实例 8

题目：10 个小孩分糖果

10 个小孩围成一圈分糖果，老师分给第一个小孩 10 块，第二个小孩 2 块，第三个小孩 8 块，第四个小孩 22 块，第五个小孩 16 块，第六个小孩 4 块，第七个小孩 10 块，第八个小孩 6 块，第九个小孩 14 块，第十个小孩 20 块。然后所有的小孩同时将手中的糖分一半给右边的小孩；糖块数为奇数的人可向老师要一块。问经过这样几次后大家手中的糖的块数一样多？每人各有多少块糖？

1）问题分析与算法设计

题目描述的分糖过程是一个机械的重复过程，编程算法完全可以按照描述的过程进行模拟。

2）程序与程序注释

```
#include<stdio.h>
void print(int s[]);
int judge(int c[]);
int j=0;
void main()
```

```
{
    static int sweet[10]={10,2,8,22,16,4,10,6,14,20};   /*初始化数组数据*/
    int i,t[10],l;
    printf("           child\n");
    printf("round1  2  3  4  5  6   7   8   9  10\n");
    printf("..............................\n");
    print(sweet);          /*输出每个人手中糖的块数*/
    while(judge(sweet))     /*若不满足要求则继续进行循环*/
    {   for(i=0;i<10;i++)     /*将每个人手中的糖分成一半*/
        if(sweet[i]%2= =0)     /*若为偶数则直接分出一半*/
      t[i]=sweet[i]=sweet[i]/2;
     else              /*若为奇数则加1后再分出一半*/
        t[i]=sweet[i]=(sweet[i]+1)/2;
      for(l=0;l<9;l++)      /*将分出的一半糖给右(后)边的孩子*/
      sweet[l+1]=sweet[l+1]+t[l];
     sweet[0]+=t[9];
      print(sweet);      /*输出当前每个孩子中手中的糖数*/
    }
}
int judge(int c[])
{
    int i;
    for(i=0;i<10;i++)          /*判断每个孩子手中的糖是否相同*/
       if(c[0]!=c[i]) return 1;          /*不相同返回 1*/
    return 0;
}
void print(int s[])       /*输出数组中每个元素的值*/
{
    int k;
    printf("      %2d ",j++);
    for(k=0;k<10;k++)    printf("%4d",s[k]);
    printf("\n");
}
```

结果是：

```
                         child
     round     1    2    3    4    5    6    7    8    9    10
     ............................................................
          0    10   2    8    22   16   4    10   6    14   20   1    15   6    5    15   19
10   7    8    10   17   2    17   11   6    11   18   15   9    8    9    14   3    16   15
9    9    15   17   13   9    9    12   4    14   16   13   10   13   17   16   12   10   11
```

C语言程序设计教程

```
5   13  15  15  12  12  16  17  14  11  11  6   13  15  16  14  12  14  17
16  13  12  7   13  15  16  15  13  13  16  17  15  13  8   14  15  16  16
15  14  15  17  17  15  9   15  15  16  16  16  15  15  17  18  17  10  17
16  16  16  16  16  16  17  18  18  11  18  17  16  16  16  16  16  17  18
18  12  18  18  17  16  16  16  16  17  18  18  13  18  18  18  17  16  16
16  17  18  18  14  18  18  18  18  17  16  16  17  18  18  15  18  18  18
18  18  17  16  17  18  18  16  18  18  18  18  18  18  17  17  18  18  17
18  18  18  18  18  18  18  18  18  18
```

8.7 本章小结

1. 变量的指针和指向变量的指针变量

变量的指针即变量的地址。指向变量的指针变量即用来存放变量地址的地址变量。

1）指针变量的定义

形式：类型标识符 *标识符

如：int *pointer;

要注意两点："*"表示 pointer 是个指针变量，在用这个变量的时候不能写成*pointer，*pointer 是 pointer 指向的变量。一个指针变量只能指向同一个类型的变量。如上面 pointer 只能指向 int 型变量。

2）指针变量的引用

两个有关的运算符：

&：取地址运算符，如&a 就代表变量 a 的地址。

*：指针运算符，如*a 就代表变量 a 的值。

2. 数组的指针和指向数组的指针变量

数组的指针指数组的起始地址，数组元素的指针指数组元素的地址。

1）指向数组元素的指针变量的定义与赋值

定义和指向变量的指针变量定义相同，C 规定数组名代表数组的首地址，即第一个数组元素地址。

2）通过指针引用数组元素

我们通常引用数组元素的形式是 a[i]，如果用指针可以这样引用，*(a+i)，或定义一个指针变量 p，将数组 a 的首地址赋给 p，"p=a;"然后用*(p+i)引用。

注意：指针变量 p 指向数组 a 首地址，则 p++指向数组 a 的下一元素地址，即 a[1]的地址。

3）指向多维数组的指针和指针变量

以二维数组居多，假设定义了一个二维数组 a[3][4]，那么 a 代表整个二维数组的首地址，也代表第 0 行的首地址，同时也是第 0 行第 0 列的元素的首地址。a+0 和 a[0]代表第 0 行首地址，a+1 和 a[1]代表第一行的首地址。

假设 a 是一个数组的首地址，那么如果 a 是一维的，a+i 代表第 i 个元素的地址，如果 a 是二维的，则 a+i 代表第 i 行的首地址。

那么第 1 行第 2 列的元素地址如何表示呢？可以是 a[1]+2 或&a[1][2]或*(a+1)+2。

我们只要记住：在二维数组中 a 代表整个数组的首地址，a[i]代表第 i 行的首地址，a[i]与*(a+i)等价就行了。只要运用熟练了就没什么复杂的了。

4）指向由 m 个整数组成的一维数组的指针变量

如：int (*p)[4]，p 是一个指向包含 4 个元素的一维数组，如果 p 先指向 a[0]，则 p+1 指向 a[1]，即 p 的增值是以一维数组的长度为单位的，这里是 4，举个例子：

假设 a[3][4]={1,3,5,7,9,11,13,15,17,19,21,23}，p 先指向 a[0]也就是数组 a 的首地址，那么 p+1 就是 a[1]的首地址，即元素 9 的地址，因为在定义 p 时，int (*p)[4]定义一维数组长度为 4，所以 p+1 就等于加了一个一维数组的长度 4。

3. 字符串的指针和指向字符串的指针变量

1）字符串的表示形式

C 中字符串有两种表示形式：一种是数组，一种是字符指针。

```
char string[]="I love c!";
char *str="I love c!";
```

其实指针形式也是在内存中开辟了一个数组，只不过数组的首地址存放在字符指针变量 str 中，千万不要认为 str 是一个字符串变量。

2）字符串指针作函数参数

实际上字符串指针就是数组的首地址。

3）字符指针变量与字符数组的区别

（1）字符数组由若干元素组成，每个元素存放一个字符，而字符指针变量只存放字符串的首地址，不是整个字符串。

（2）对数组初始化要用 static，对指针变量不用。

（3）对字符数组赋值，只能对各个元素赋值，不能像下面这样：

```
char str[14];
str="I love c!";
```

对指针变量可以：

```
char *str;
str="I love c!";
```

注意：此时赋给 str 的不是字符，而是字符串首地址。

（4）数组在定义和编译时分配内存单元，而指针变量定义后最好将其初始化，否则指针变量的值会指向一个不确定的内存段，将会破坏程序。如：

```
char *a;
scanf( "%s", a );
```

这种方法是很危险的，应该这样：

```
char *a, str[10];
a = str;
```

scanf("%s", a);

这样字符指针就指向了一个确定的内存段。

（5）指针变量的值是可以改变的，而字符数组名所代表的字符串首地址却是不能改变的。

4．指针数组

指针数组无疑就是数组元素为指针，定义形式为：类型标识 *数组名[数组长度]

如：int *p[4]，千万不要写成int (*p)[4]，这是指向一维数组的指针变量。指针数组多用于存放若干个字符串的首地址，注意一点，在定义指针数组时初始化，如下：

static char *name[]={"Li jing","Wang mi","Xu shang"};

此数组中存放的不是字符串，它存放的是字符串首地址，这一点一定要注意。

5．有关指针的定义形式

指针变量：int *p;指针变量

数组指针：int (*p)[长度]行指针

指针数组：int *p[长度];

8.8 复习题

一、上机训练程序阅读（写出下列程序运行结果，并上机输入程序验证）

1．

```
#include "stdio.h"
int a[]={2,4,6,8};
main()
  {
  int i;
  int*p=a;
    for(i=0;i<4;i++) a[i]=*p++;
        printf("%d\n",a[2]);
  }
```

2．

```
#include "stdio.h"
main()
  {
    char s[20]= "abcd ";
    char *sp=s;
    sp++;
    puts(strcat(sp, "ABCD "));
  }
```

3．

```
#include "stdio.h"
main()
  {
    char str[]="abc\0def\0ghi",*p=str;
    printf("%s\n",p+5);
  }
```

4．

```
#include "stdio.h"
main()
{
char *s="abcde ";
s+=2;printf("%s\n",s);
}
```

5．

```
#include "stdio.h"
#include "string.h"
main()
{char *s1="AbDeG ";
char *s2="AbdEg ";
s1+=2;s2+=2;
printf("%d\n",strcmp(s1,s2));
}
```

二、选择题

1．若定义 int a[5],*p=a;则正确引用 a 数组元素的是（　　）。

A. *&a[5]　　B. a+2　　C. *(p+5)　　D. *(a+2)

2．若定义 int a[5],*p=a;则对数组元素地址正确引用的是（　　）。

A.p+5　　B.*a+1　　C.&a+1　　D.&a[0]

3．如果有如下定义，则 p+5 表示（　　）。

int a[10],*p=a;

A.元素 a[5]的地址　　B.元素 a[5]的值　　C.元素 a[6]的地址　　D.元素 a[6]的值

4．如果有以下说明语句：

static int a[2][3]={1,3,5,7,9.11};

int m,n;

0≤m≤1,0≤n≤2,则（　　）是对数组元素的正确引用。

A． a[m]+n　　B.*(a+5)　　C.*(*(a+m)+3)　　D.*(*(a+m)+n)

5．变量的指针是（　　）。

A.值　　B.地址　　C.名　　D.一个标志

C语言程序设计教程

8.9 程序设计实践

1．使用指针变量求解 2 个整数的升序输出。

2．编写一个程序，打入月份号，输出该月的英文名，例如，输入“3”则输出“March”，要求用指针数组处理。

C语言程序设计教程

第9章 | 结构体与联合体

关键字

结构体
联合体
成员

C语言程序设计教程

当要把多个数据集中处理时，使用数组比较方便。但是，数组中的元素必须具有相同的类型。在实际问题中，有时需要处理一组具有不同类型的数据。例如，在学生信息中，姓名是字符型的，学号和年龄是整型的，性别是字符型的，成绩是实型的，无法用一个数组来存放这一组数据。这就要使用另外一种构造数据类型，这种类型就是结构体。那么如何定义这种数据类型？怎样说明这种数据类型的变量？在程序中如何使用这些变量呢？

本章将着重讲述结构体的定义以及结构体在程序中的使用、结构数组、结构指针、结构体与函数和联合体。

9.1 结构体的定义

结构体，它是由若干“成员”组成的。每个成员可以是一个基本数据类型，还可以是数组、指针，甚至可以为另一构造类型。在说明和使用结构体之前必须先定义结构类型，就像在说明和调用函数之前要先定义函数一样。

定义一个结构体类型的一般形式为：

```
struct 结构体名
{
   数据类型 成员名1;
   数据类型 成员名2;
   数据类型 成员名3;
   ……
   数据类型 成员名n;
};
```

说明：

（1）struct 是构造结构体类型时必须使用的关键字，struct 与结构体名一起构成结构体类型名或结构体；结构体名是用户自定义的标识符，其命名符合标识符的规定；成员名的命名符合标识符的规定。一定要注意大括号后面的分号是整个定义语句的结尾。

（2）定义了一个结构体类型，那仅仅是定义了一种新的数据类型而已，并没有分配内存单元。

（3）成员名可与程序中其他变量同名，互不影响。

（4）结构体类型定义的位置，可以在函数内部，也可以在函数外部。在函数内部定义的结构体类型，只能在函数内部使用；在函数外部定义的结构体类型，其有效范围是从定义处开始，直到它所在的源程序文件结束。

（5）数组中存放的都是相同类型的数据，而结构体中可以存放不同类型的数据。

（6）类型与变量是不同的概念，只能对变量赋值、存取或运算，而不能对一个类型赋值、存取或运算。

程序文本【9.1】 定义一个学生成绩的结构体数据类型如下：

```
struct student
  {
```

```
        int no ; /*学号*/
        char name[8];   /*姓名*/
        float score ; /*英语、物理、数学的平均成绩*/
    };
```

程序 9.1 中学生成绩结构体中的数据成员有 no（学号）、name[8]（姓名）、score（平均成绩，ave）。每个成员的类型可以是基本类型或构造类型。在一个程序中，一旦定义了一个结构体类型，就增加了一种新的称为结构体的数据类型，也就可以用这种数据类型定义结构体变量。

程序文本【9.2】 定义日期的结构类型，由年、月、日 3 项组成：

```
struct date
  {
     int year;
     int month;
     int day;
  };
```

9.2 结构体在程序中的使用

1. 定义结构体变量

结构体类型定义好后，就增加了一种用户自己定义的结构类型，与系统定义的标准类型（int、char、float、double 等）一样，可用来定义结构体类型的变量，以便在程序中使用它。下面我们来看一下结构体变量如何定义和使用。

定义结构体变量有以下三种方法。

1）先定义结构，后定义结构变量

程序文本【9.3】 为学生的结构体类型定义两个变量 x,y。

```
struct student
  {
     int no ; /*学号*/
     char name[8];   /*姓名*/
     float score ; /*英语、物理、数学的平均成绩*/
  };
……
struct student x,y;
```

程序 9.3 说明了 x 和 y 为 student 结构类型。也可以在定义变量的同时，对变量赋初值，例如，上面定义变量的语句可以改成如下赋初值的形式：

struct student x={20091, "liling",78.3 },y={20093, "wangli",93.2};

此方法将类型定义和变量定义分别进行，是一种常用的定义方法。

C语言程序设计教程

2）在定义结构类型的同时定义变量

此方法是在定义结构体类型的同时说明结构变量，其一般格式为：

```
struct 结构体名
{
  数据类型 成员名 1;
  数据类型 成员名 2;
  数据类型 成员名 3;
  ……
  数据类型 成员名 n;
}变量名列表;
```

程序文本【9.4】 为学生的结构体类型定义两个变量 x,y。

```
struct student
  {
    int no ; /*学号*/
  char name[8];  /*姓名*/
  float score ; /*英语、物理、数学的平均成绩*/
  }x={20091, "liling",78.3 },y={20093, "wangli",93.2};
```

这种定义方法是类型定义和变量定义同时进行的。同样，可以对两个变量赋初值。

3）直接说明结构体类型变量

直接说明结构体类型变量的一般格式为：

```
struct
 {
   数据类型 成员名 1;
   数据类型 成员名 2;
   数据类型 成员名 3;
   ……
   数据类型 成员名 n;
 }变量名列表;
```

此方法省去了结构体名，但不提倡这种定义方法。

程序文本【9.5】 直接定义两个学生类型变量 x,y。

```
struct
  {
  int no ; /*学号*/
  char name[8];  /*姓名*/
  float score ; /*英语、物理、数学的平均成绩*/
  }x={20091, "liling",78.3 },y={20093, "wangli",93.2};
```

说明：

（1）结构体类型与结构体变量的区别：定义时先定义结构体类型,然后定义变量。类型不分配空间，变量分配空间。

（2）结构体的嵌套定义：即定义的结构体成员也可以是结构体变量。

程序文本【9.6】 结构体的嵌套定义

```
struct date
{
  int month;
  int day;
  int year;
};
struct student
{
  int num;
  char name[20];
  char sex;
  int age;
  struct date birthday;
  float score;
  char addr[30];
}student1,student2;
```

2．在程序中使用结构体变量

当定义好某结构体变量后，就可以在程序中对其进行使用。而对于结构变量，往往使用它的单个成员，而不使用整个结构。

表示结构变量成员的一般形式是：

结构变量名.成员名

其中“.”为成员运算符，其运算级别是最高的。

例如：x.no
　　　y.score

说明：

（1）不能将结构体变量作为一个整体进行赋值、输出，只能对结构体中的各个成员分别进行；但允许将一个结构体变量直接赋值给另一个具有相同结构的结构体变量。如：

student1.num=2000;strcpy(stuendt1.name, "lingli");
student1=student2;

（2）如果是嵌套定义，引用结构体中的成员名时需用若干个成员运算符，一级一级地找到最低一级成员。如：

student1.name
student1.birthday.month;
student1.birthday.day;

（3）结构体成员变量可以像普通变量一样使用、运算（但使用的形式不同）。如：

student2.score=student1.score;

sum=stuent1.score+student2.score;

student1.age++;

程序文本【9.7】 一个结构体变量成员的引用

```
#include<stdio.h>
struct student
{
  int num;
  char name[20];
  char sex;
  float score;
};
main()
{
  struct student x;
  x.num=20086;
  strcpy(x.name, "zhangjun");
  x.sex= 'f';
  x.score=98;
  printf("num=%d name=%s sex=%c score=%f",x.num,x.name,x.sex,x.score);
}
```

结果是：

```
num=200086   name=zhangjun   sex=f   score=98.000000
```

9.3 结构体数组

结构体数组是同类型结构体变量的集合，结构体数组在内存中占用一片连续的存储单元。结构体数组的定义与定义结构体变量相类似，只需说明其为数组即可，在此不再赘述。

对结构体数组的初始化的一般形式为：

结构体类型 数组名[常量表达式]={初值表列};

程序文本【9.8】 结构体数组的定义和初始化

```
struct student
{
  int num;
  char name[20];
  char sex;
  int age;
  float score;
}stu[3]={{1001,"wangli",'m', 20,86.0},{1002, "wangfang", 'm',19,78.5},{1003, "liuqiang",'f',20,89.6}};
```

说明：

（1）对于结构数组中的每个元素又是结构体类型的变量，因此各元素的初值表列又应该包含在{}中。

（2）结构数组引用时格式为“结构数组名[下标].成员名”。

（3）对于结构体数组的输入和输出经常利用 for 循环结构。

程序文本【9.9】 计算学生的平均成绩和及格的人数。

```
#include<stdio.h>
struct student
  {
    int num;
    char name[20];
    char sex;
    int age;
    float score;
  }stu[3]={{1001, "wangli",'m',20,80.0},{1002, "wangfang",'m',19,78.5},{1003, "liuqiang", 'f',20,97.0}};
main ()
  {
    int i,j=0;
    float average,sum=0;
    for(i=0;i<3;i++)
      {
        sum+=stu[i].score;
        if(stu[i].score>=60) j+=1;
      }
    printf("the sum is %f\n",sum);
    average=sum/5;
    printf("the average is %f\ncount=%d",average,j);
  }
```

结果是：

```
the sum is 255.500000
the average is 51.099998
count=3
```

9.4 结构指针

指向结构体类型的指针与前面指向基本类型的指针比较，除了所指向的对象不同以外，在使用上并没有差别。因此，可以用结构体变量的首地址或结构体数组的数组名作为结构体指针的初值，从而使其指向对应的结构体变量或结构体数组。

程序文本【9.10】 指向结构体变量的指针

```
struct student
    {
        int num;
        char   ename[20] ;
        char sex;
        int age;
        float score;
        char addr[30] ;
    };
        struct student stu_1={1 ,"cui lin",'M' ,19,86.4, "Shanghai"};
        struct student *p=&stu_1;
```

指针 p 指向结构体变量 stu_1 的示意图，如图 9.1 所示。

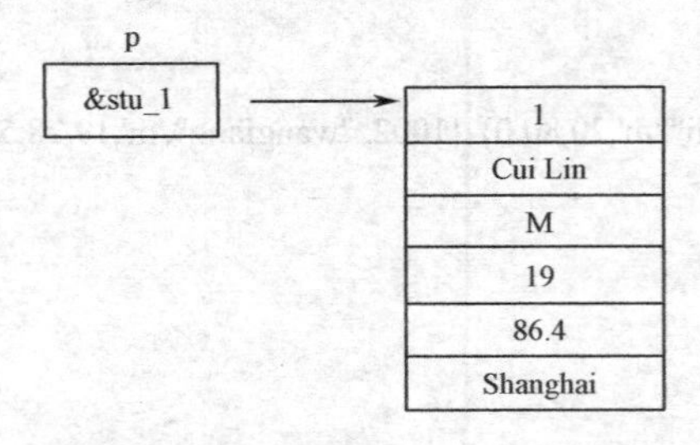

图 9.1 指针 p 指向结构体变量 stu_1

程序 9.10 中，变量成员的形式用以下三种表示形式等价（其中 1）、2）为用指针形式表示）。

1）(*p).成员名

```
(*p).num=1;
strcpy((*p).ename, "CuiLin");
(*p).sex='M';
(*p).age=19;
(*p).score=86.4;
strcpy((*p).addr, "Shanghai");
```

2）p–>成员名

```
p–>num=1;
strcpy(p–>ename, "Cui Lin");
p–>sex='M';
p–>age=19;
p–>score=86.4;
strcpy(p–>addr, "Shanghai");
```

3）结构体变量名.成员名

```
student1.num=1;
strcpy(student1.ename, "Cui Lin");
```

```
student1.sex='M';
student1.age=19;
student1.score=86.4;
strcpy(student1.addr, "Shanghai");
```

程序文本【9.11】 指向结构体数组的指针

```
struct student
    {
      int num;
      char   ename[20];
      char sex;
      int age;
      float score;
      char addr[30];
    };
 struct student stu[3]={{1, "Cui Lin",'M',19,86.4, "Shanghai"},{2, "Zhou Li", 'F',19,76.6, "Nanjing"},{3,
"ChengYan",'F' ,18,92.5, "Nanchang"}};
```

数组名 stu 为数组的首地址，即 0 号元素的地址。

若有语句：

```
struct student *p;
p=stu;
```

则 p 也指向 0 号元素，而 p++后则指向 1 号元素，再一次 p++后可指向 2 号元素，因此可使用循环语句：

```
for(p=stu;p<stu+3;p++)
printf("%d%s%c%d%d%s\n",p->num,p->ename,p->sex,p->age,p->score,p->addr);
```

来输出三个元素的各成员值，如图 9.2 所示。

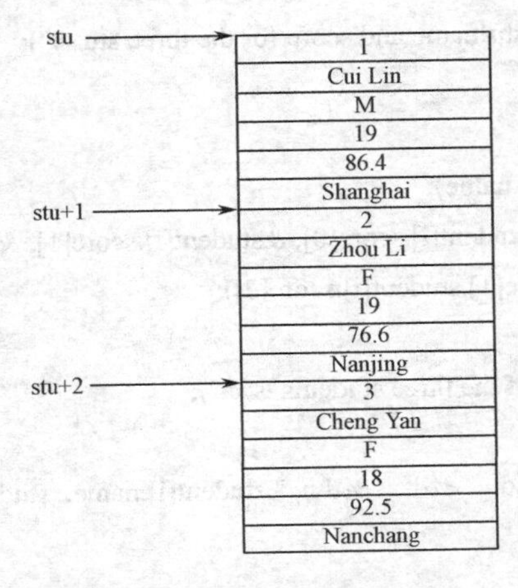

图 9.2 指向结构体数组的指针

说明：p 的初值为 stu，即其指向第 0 个元素的起始地址,而不是成员的地址。

C语言程序设计教程

9.5 结构体与函数

1. 用结构变量的成员作参数——值传递

调用函数将单个结构体成员传递给被调用函数的用法与普通变量作参数一样，属于值传递，主要有以下三种形式：

（1）如果此结构体成员是简单变量，则被调用函数对应的形参应该是同类型的简单变量。

（2）如果此结构体成员是变量的地址，刚被调用函数对应的形参应该是指针变量。

（3）如果此结构体成员是数组或指向数组的指针，则被调用函数对应的形参应该是数组名或指针。

程序文本【9.12】 设学生的 3 门课成绩已经保存在一个结构数组中，要求用子程序计算并返回 3 门课的总分。在主程序 main()中先定义一个结构体类型，再创建一个结构体数组，并将此数组的成员 score 数组传递到子程序 add()中，由 add()计算总分并返回。

```
#include<stdio.h>
main()
{
  struct stu
  {
    char name[80];
    int score[3];
    int total;
  };
struct stu student[3];
int i;
printf("please input three stu'name and score for the three stu:\n");
for(i=0;i<3;i++)
  {
    scanf("%s",student[i].name);
    scanf("%d%d%d",&student[i].score[0], &student[i].score[1], &student[i].score[2]),student[i]. total=
add(student[i]. score[0],student[i].score[1],student[i].score[2]);
}
  printf("the score_table of the three students is:\n");
  for(i=0;i<3;i++)
  printf("%10s    %d   %d    %d    %d\n ",student[i].name, student[i].score[0], student[i]. score[1],
student[i]. score[2], student[i].total);
  }
  add(int x,int y,int z)
  {return x+y+z;
}
```

运行时：

```
"please input three stu'name and score for the three stu:（输入）
Zhangli↙
98↙
90↙
97↙
Wanghong ↙
89↙
88↙
98↙
liufei↙
78↙
89↙
97↙
```

结果是:

```
The score_table of the three students is :
Zhangli     98     90     97
Wanghong    89     88     98
Liufei      78     89     97
```

2．用结构变量作参数——多值传递，效率低

调用函数将结构体变量整体传递给被调用函数时，采用的是“值传递”方式，此时将结构体变量所占内存单元的内容全部按顺序传递给形参（形参必须是同类型的结构体变量）。具体可以采用以下三种形式：

（1）实参和形参都是结构体变量名；

（2）实参是结构体变量的地址，形参是相同结构体类型的指针；

（3）实参和形参都是相同结构体类型的指针。

程序文本【9.13】 从键盘输入学生信息，输出学生的姓名和成绩总分。

```
struct score
  {
    int score1;
    int score2;
    int score3;
  };
  struct student
  {
    char name[20];
    char sex;
    int age;
    struct score stscore;
```

```
    };
    int total(struct student stud);
    main()
    {
      int i;
      struct student s[2];
      for(i=0;i<2;i++)
      {
      printf("please input name and scores\n");
      scanf("%s",s[i].name);
      scanf("%d",&s[i].stscore.score1);
      scanf("%d",&s[i].stscore.score2);
      scanf("%d",&s[i].stscore.score3);
    }
    for(i=0;i<2;i++)
      printf("%s:Total Score is    %d\n",s[i].name,total(s[i]));
    }
    int total(struct student stud)
    {
    return(stud.stscore.score1+stud.stscore.score2+stud.stscore.score3);
  }
```

3. **用指向结构变量或数组的指针作参数——地址传递**

结构指针变量作函数参数。

在 ANSI C 标准中允许用结构变量作函数参数进行整体传送。但是这种传送要将全部成员逐个传送，特别是成员为数组时将会使传送的时间和空间开销很大，严重地降低了程序的效率。因此最好的办法就是使用指针，即用指针变量作函数参数进行传送。这时由实参传向形参的只是地址，从而减少了时间和空间的开销。

程序文本【9.14】 计算一组学生的平均成绩和不及格人数。用结构指针变量作函数参数编程。

```
struct stu
  {
    int num;
    char *name;
    char sex;
    float score;
}boy[5]={
        {101, "Li ping",'M',45},
        {102,"Zhang ping",'M',62.5},
        {103,"He fang",'F',92.5},
```

```
            {104,"Cheng ling",'F',87},
            {105,"Wang ming",'M',58},
          };
main()
{
    struct stu *ps;
    void ave(struct stu *ps);
    ps=boy;
    ave(ps);
}
void ave(struct stu *ps)
{
    int c=0,i;
    float ave,s=0;
    for(i=0;i<5;i++,ps++)
      {
        s+=ps->score;
        if(ps->score<60) c+=1;
      }
    printf("s=%f\n",s);
    ave=s/5;
    printf("average=%f\ncount=%d\n",ave,c);
}
```

结果是：

```
s=345.000000
average=69.000000
count=2
```

程序 9.14 程序中定义了函数 ave，其形参为结构指针变量 ps。boy 被定义为外部结构数组，因此在整个源程序中有效。在 main 函数中的定义说明了结构指针变量 ps，并把 boy 的首地址赋予它，使 ps 指向 boy 数组。然后以 ps 作实参调用函数 ave。在函数 ave 中完成计算平均成绩和统计不及格人数的工作并输出结果。

由于本程序全部采用指针变量作运算和处理，故速度更快，程序效率更高。

9.6 联合体

C 语言中除了结构体外，还提供了一种自定义的数据类型——联合体。联合体也可以由若干个数据类型组合而成。和结构体不同的是，联合体使几个不同类型的变量共占一段内存（相互覆盖）。

C语言程序设计教程

1．联合体类型定义（类型定义不分配内存）

```
union    联合名
{ 类型标识符      成员名;
  类型标识符      成员名;
          ……
};
```

2．联合体变量定义

形式一：

```
union data
    {      int i;
           char ch;
           float f;
    }a;
```

形式二：

```
union data
    {      int i;
           char ch;
           float f;
    };
union data a,b,c,*p,d[3];
```

形式三：

```
  union
    {      int i; char ch; float f; }a,b,c;
```

联合体变量定义示意图如图 9.3 所示。

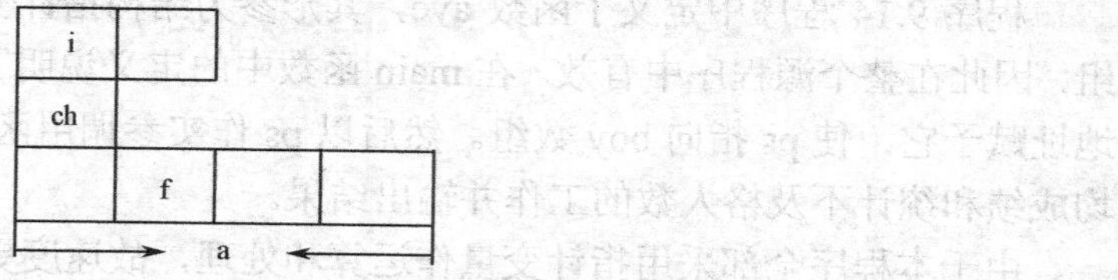

图 9.3　联合体变量定义示意图

联合体变量任何时刻只有一个成员存在；联合体变量定义分配内存长度等于最长成员所占字节数。

例如：

```
union data
{
int i;
```

```
char ch;
float f;
}a;
```

联合体变量 a 的三个成员的起始地址是相同的，它所占的内存长度就是最长的成员的长度，如图 9.4 所示。

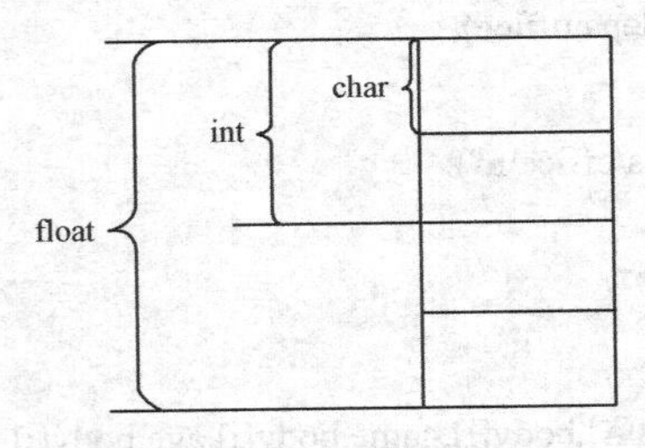

图 9.4　联合体变量 a 所占内存长度示意图

3．联合变量的赋值和使用

对联合变量的赋值、使用都只能是对变量的成员进行。

联合变量的成员表示为：联合变量名.成员名

例如，a 被说明为 perdata 类型的变量之后，可使用 a.class、a.office。不允许只用联合变量名作赋值或其他操作。也不允许对联合变量作初始化赋值，赋值只能在程序中进行。还要再强调说明的是，一个联合变量，每次只能赋予一个成员值。换句话说，一个联合变量的值就是联合体变量的某一个成员值。

程序文本【9.15】　设有一个教师与学生通用的表格，教师数据有姓名、年龄、职业、教研室四项。学生有姓名、年龄、职业、班级四项。

编程输入人员数据，再以表格输出。

```
main()
{
  struct
    {
    char name[10];
    int age;
    char job;
    union
       {
       int class;
       char office[10];
       } depa;
    }body[2];
  int n,i;
  for(i=0;i<2;i++)
  {
```

```
        printf("input name,age,job and department\n");
          scanf("%s %d %c",body[i].name,&body[i].age,&body[i].job);
          if(body[i].job=='s')
            scanf("%d",&body[i].depa.class);
          else
            scanf("%s",body[i].depa.office);
          }
        printf("name\tage job class/office\n");
        for(i=0;i<2;i++)
          {
          if(body[i].job=='s')
          printf("%s\t%3d%3c%d\n",body[i].name,body[i].age,body[i].job,
          body[i].depa.class);
        else
        printf("%s\t%3d%3c%s\n",body[i].name,body[i].age,body[i].job,
        body[i].depa.office);
        }
}
```

程序 9.15 用一个结构数组 body 来存放人员数据，该结构共有四个成员。其中成员项 depa 是一个联合类型，这个联合又由两个成员组成，一个为整型量 class，一个为字符数组 office。在程序的第一个 for 语句中，输入人员的各项数据，先输入结构的前三个成员 name、age 和 job，然后判别 job 成员项，如为“s”则对联合 depa.class 输入（对学生赋班级编号），否则对 depa.office 输入（对教师赋教研组名）。

在用 scanf 语句输入时要注意，凡为数组类型的成员，无论是结构成员还是联合成员，在该项前不能再加“&”运算符。如程序中 body[i].name 是一个数组类型，body[i].depa.office 也是数组类型，因此在这两项之间不能加“&”运算符。程序中的第二个 for 语句用于输出各成员项的值。

9.7　C 语言趣味程序实例 9

题目：黑白子交换

有三个白子和三个黑子如图 9.5 所示布置。

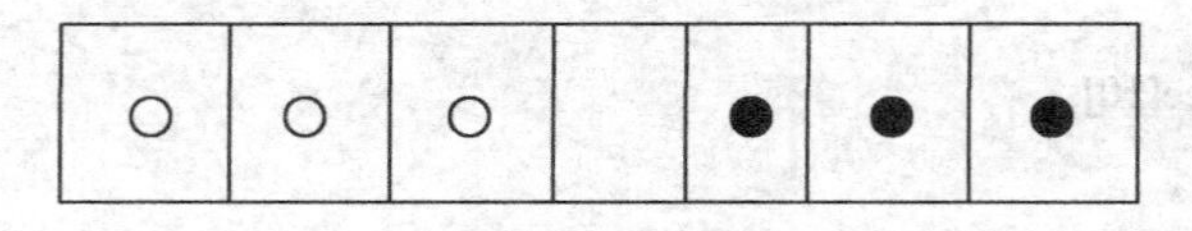

图 9.5　黑白子交换 1

游戏的目的是用最少的步数将图 9.5 中白子和黑子的位置进行交换，如图 9.6 所示。

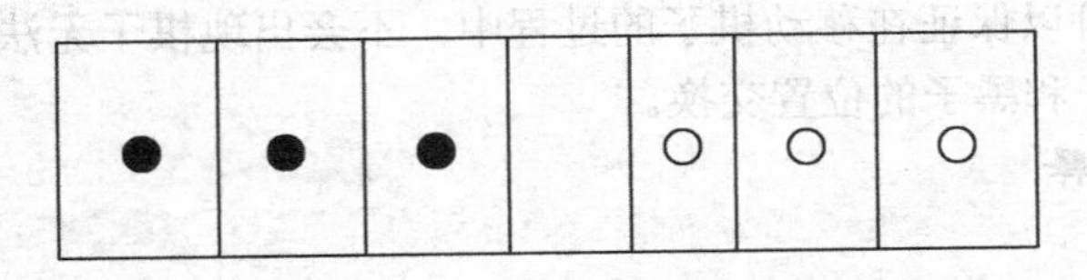

图 9.6　黑白子交换 2

游戏的规则是：（1）一次只能移动一个棋子；（2）棋子可以向空格中移动，也可以跳过一个对方的棋子进入空格，但不能向后跳，也不能跳过两个子。请用计算机实现上述游戏。

1）问题分析与算法设计

计算机解决这类问题的关键是要找出问题的规律，或者说是要制定一套计算机行动的规则。分析本题，先用人来解决问题，可总结出以下规则：

（1）黑子向左跳过白子落入空格，转（5）；

（2）白子向右跳过黑子落入空格，转（5）；

（3）黑子向左移动一格落入空格（但不应产生棋子阻塞现象），转（5）；

（4）白子向右移动一格落入空格（但不应产生棋子阻塞现象），转（5）；

（5）判断游戏是否结束，若没有结束，则转（1）继续。

所谓的“阻塞”现象就是：在移动棋子的过程中，两个尚未到位的同色棋子连接在一起，使棋盘中的其他棋子无法继续移动。例如按下列步骤移动棋子，如图 9.7～图 9.12 所示。

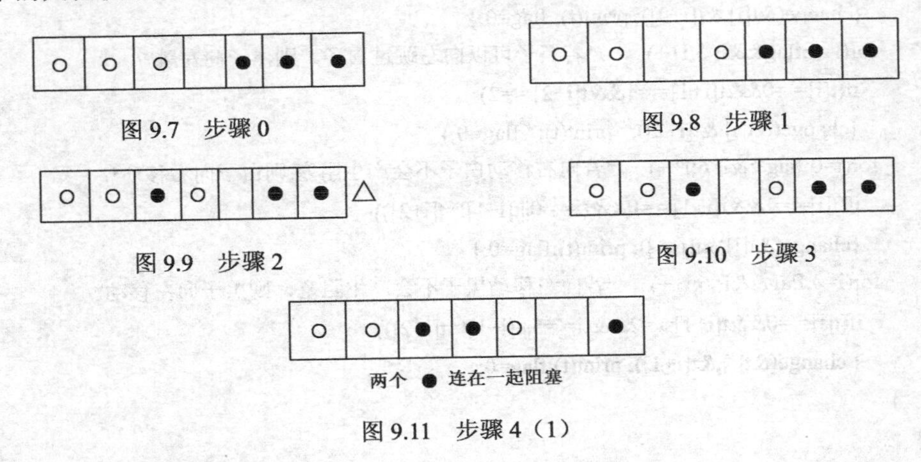

图 9.7　步骤 0

图 9.8　步骤 1

图 9.9　步骤 2

图 9.10　步骤 3

图 9.11　步骤 4（1）

步骤 5 或如图 9.12 所示。

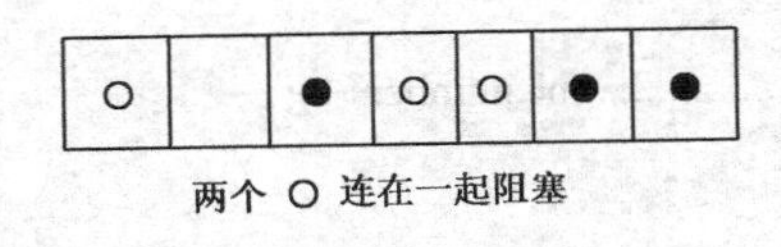

图 9.12　步骤 4（2）

产生阻塞的现象的原因是在第 2 步（△状态）时，棋子○不能向右移动，只能将●向左移动。

总结产生阻塞的原因，当棋盘出现“黑、白、空、黑”或“白、空、黑、白”状态时，不能向左或向右移动中间的棋子，只移动两边的棋子。

按照上述规则，可以保证在移动棋子的过程中，不会出现棋子无法移动的现象，且可以用最少的步数完成白子和黑子的位置交换。

2）程序与程序注释

```
#include<stdio.h>
int number;
void print(int a[]);
void change(int *n,int *m);
void main()
{
   int t[7]={1,1,1,0,2,2,2};                      /*初始化数组 1：白子  2：黑子  0：空格*/
   int i,flag;
   print(t);
   while(t[0]+t[1]+t[2]!=6||t[4]+t[5]+t[6]!=3)  /*判断游戏是否结束*/
                                                   /*若还没有完成棋子的交换则继续进行循环*/
   {
     flag=1;    /*flag 为棋子移动一步的标记 1：尚未移动棋子  0：已经移动棋子*/
     for(i=0;flag&&i<5;i++)      /*若白子可以向右跳过黑子，则白子向右跳*/
       if(t[i]= =1&&t[i+1]= =2&&t[i+2]= =0)
       {change(&t[i],&t[i+2]); print(t); flag=0;}
     for(i=0;flag&&i<5;i++)      /*若黑子可以向左跳过白子，则黑子向左跳*/
       if(t[i]= =0&&t[i+1]= =1&&t[i+2]= =2)
       {change(&t[i],&t[i+2]);  print(t);  flag=0;}
     for(i=0;flag&&i<6;i++)    /*若向右移动白子不会产生阻塞,则白子向右移动*/
       if(t[i]= =1&&t[i+1]= =0&&(i= =0||t[i-1]!=t[i+2]))
       {change(&t[i],&t[i+1]); print(t);flag=0;}
     for(i=0;flag&&i<6;i++)    /*若向左移动黑子不会产生阻塞，则黑子向左移动*/
       if(t[i]= =0&&t[i+1]= =2&&(i= =5||t[i-1]!=t[i+2]))
       { change(&t[i],&t[i+1]); print(t);flag=0;}
   }
}
void print(int a[])
{ int i;
   printf("No. %2d:.............................\n",number++);
   printf("      ");
   for(i=0;i<=6;i++)
     printf(" | %c",a[i]==1?'*':(a[i]==2?'@':' '));
printf(" |\n    .............................\n\n");
}
void change(int *n,int *m)
{
```

```
    int term;
    term=*n; *n=*m; *m=term;
}
```

结果如图 9.13 所示。

```
No.   0:.............................
         | * | * | * |   | @ | @ | @ |
         .............................
No.   1:.............................
         | * | * |   | * | @ | @ | @ |
         .............................
No.   2:.............................
         | * | * | @ | * |   | @ | @ |
         .............................
No.   3:.............................
         | * | * | @ | * | @ |   | @ |
         .............................
No.   4:.............................
         | * | * | @ |   | @ | * | @ |
         .............................
No.   5:.............................
         | * |   | @ | * | @ | * | @ |
         .............................
No.   6:.............................
         |   | * | @ | * | @ | * | @ |
         .............................
No.   7:.............................
         | @ | * |   | * | @ | * | @ |
         .............................
No.   8:.............................
         | @ | * | @ | * |   | * | @ |
         .............................
No.   9:.............................
         | @ | * | @ | * | @ | * |   |
         .............................
No.  10:.............................
         | @ | * | @ | * | @ |   | * |
         .............................
No.  11:.............................
         | @ | * | @ |   | @ | * | * |
         .............................
No.  12:.............................
         | @ |   | @ | * | @ | * | * |
         .............................
No.  13:.............................
         | @ | @ |   | * | @ | * | * |
         .............................
No.  14:.............................
         | @ | @ | @ | * |   | * | * |
         .............................
No.  15:.............................
         | @ | @ | @ |   | * | * | * |
         .............................
```

图 9.13　结果

3）问题的进一步讨论

本题中的规则不仅适用于三个棋子的情况，而且可以推而广之，适用于任意 N 个棋子的情况。读者可以编程验证，按照本规则得到的棋子移动步数是最少的。

C语言程序设计教程

事实上，制定规则是解决这类问题的关键。一个游戏程序“思考水平”的高低，完全取决于使用规则的好坏。

4）思考题

有两个白子和两个黑子如图 9.14 所示布置：

棋盘中的棋子按“马步”规则行走，要求用最少的步数将图 9.14 中白子和黑子的位置进行交换，最终结果如图 9.15 所示。

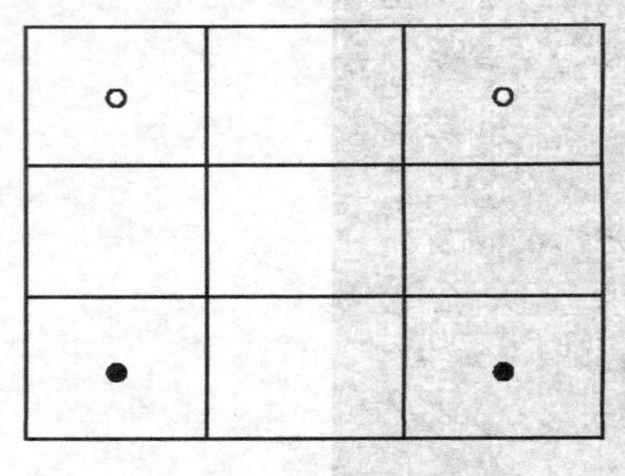

图 9.14　布置

图 9.15　结果

9.8　本章小结

（1）结构和联合是两种构造类型数据，是用户定义新数据类型的重要手段。结构和联合有很多的相似之处，它们都由成员组成。成员可以具有不同的数据类型。成员的表示方法相同，都可用三种方式作变量说明。

（2）在结构中，各成员都占有自己的内存空间，它们是同时存在的。一个结构变量的总长度等于所有成员长度之和。在联合中，所有成员不能同时占用它的内存空间，它们不能同时存在。联合变量的长度等于最长的成员的长度。

（3）“.”是成员运算符，可用它表示成员项，成员还可用“->”运算符来表示。

（4）结构变量可以作为函数参数，函数也可返回指向结构的指针变量。而联合变量不能作为函数参数，函数也不能返回指向联合的指针变量。但可以使用指向联合变量的指针，也可使用联合数组。

（5）结构定义允许嵌套，结构中也可用联合作为成员，形成结构和联合的嵌套。

9.9　复习题

一、选择题

1．选择正确选项：

以下叙述中正确的是（　　）。

A．在定义结构体时就给结构体分配存储空间

B．结构体中成员的名字可以和结构体外其他变量的名称相同

C．结构体的成员不能是结构体变量

D．结构体的成员不能是结构体变量

2．选择正确的选项：

以下叙述中错误的是（　　）。

A．共用体的所有变量都有一个相同的地址

B．结构体变量可以作为共用体成员

C．共用体的成员一个时刻只有一个生效

D．要传递共用体的成员通常采用函数

二、设在某机器上，整型变量用两个字节存储，字符型变量用一个字节存储，浮点型变量用四个字节存储。定义了如下结构体和共用体：

```
struct xx{int x;char y;float z}b1;
union yy{int x;char y;float z}b2;
```

则变量 b1 和变量 b2 所占据的存储空间各是多少？

9.10　程序设计实践

1．假设为学生选课提供的两门课程信息包括课程、课程名称、学分、任课教师。编写程序，输出这两门课程的所有信息。

2．定义一个结构体变量（包括年、月、日）。计算该日在本年中是第几天？注意闰年问题。

第10章 预处理命令

关键字

宏定义
文件包含
条件编译

在前面各章中，已多次使用过以"#"号开头的预处理命令。如包含命令#include、宏定义命令#define 等。在源程序中这些命令都放在函数之外，而且一般都放在源文件的前面，它们称为预处理部分。

所谓预处理是指在进行编译的第一遍扫描（词法扫描和语法分析）之前所作的工作。预处理是 C 语言的一个重要功能，它由预处理程序负责完成。当对一个源文件进行编译时，系统将自动引用预处理程序对源程序中的预处理部分作处理，处理完毕自动进入对源程序的编译。

C 语言提供了多种预处理功能，如宏定义、文件包含、条件编译等。合理地使用预处理功能编写的程序便于阅读、修改、移植和调试，也有利于模块化程序设计。本章介绍常用的几种预处理功能。

10.1 宏定义

在 C 语言源程序中允许用一个标识符来表示一个字符串，称为"宏"。被定义为"宏"的标识符称为"宏名"。在编译预处理时，对程序中所有出现的"宏名"，都用宏定义中的字符串去代换，这称为"宏代换"或"宏展开"。

宏定义是由源程序中的宏定义命令完成的。宏代换是由预处理程序自动完成的。

在 C 语言中，"宏"分为有参数和无参数两种。下面分别讨论这两种"宏"的定义和调用。

10.1.1 无参宏定义

无参宏的宏名后不带参数。

其定义的一般形式为：

#define　标识符　字符串

其中的"#"表示这是一条预处理命令。凡是以"#"开头的均为预处理命令。"define"为宏定义命令。"标识符"为所定义的宏名。"字符串"可以是常数、表达式、格式串等。

在前面介绍过的符号常量的定义就是一种无参宏定义。此外，常对程序中反复使用的表达式进行宏定义。

例如：

#define M (y*y+3*y)

它的作用是指定标识符 M 来代替表达式(y*y+3*y)。在编写源程序时，所有的(y*y+3*y)都可由 M 代替，而对源程序作编译时，将先由预处理程序进行宏代换，即用(y*y+3*y)表达式去置换所有的宏名 M，然后再进行编译。

程序文本【10.1】

```
#define M (y*y+3*y)
main()
{
  int s,y;
```

```
    printf("input a number:   ");
    scanf("%d",&y);
    s=3*M+4*M+5*M;
    printf("s=%d\n",s);
}
```

输入：3↙

结果为：216

上例程序中首先进行宏定义，定义 M 来替代表达式(y*y+3*y)，在 s=3*M+4*M+5*M 中作了宏调用。在预处理时经宏展开后该语句变为：

s=3*(y*y+3*y)+4*(y*y+3*y)+5*(y*y+3*y);

但要注意的是，在宏定义中表达式(y*y+3*y)两边的括号不能少，否则会发生错误。如作以下定义后：

#difine M y*y+3*y

在宏展开时将得到下述语句：

s=3*y*y+3*y+4*y*y+3*y+5*y*y+3*y;

这相当于：

$3y^2+3y+4y^2+3y+5y^2+3y$;

显然与原题意要求不符。计算结果当然是错误的。因此在作宏定义时必须十分注意。应保证在宏代换之后不发生错误。

对于宏定义还要说明以下几点：

（1）宏定义是用宏名来表示一个字符串，在宏展开时又以该字符串取代宏名，这只是一种简单的代换，字符串中可以含任何字符，可以是常数，也可以是表达式，预处理程序对它不作任何检查。如有错误，只能在编译已被宏展开后的源程序时发现。

（2）宏定义不是说明或语句，在行末不必加分号，如加上分号则连分号也一起置换。

（3）宏定义必须写在函数之外，其作用域为宏定义命令起到源程序结束。如要终止其作用域可使用#undef 命令。

例如：

```
#define PI 3.14159
main()
{
   ……
}
#undef PI
f1()
{
   ……
}
```

表示 PI 只在 main 函数中有效，在 f1 中无效。

（4）宏名在源程序中若用引号括起来，则预处理程序不对其作宏代换。

（5）宏定义允许嵌套，在宏定义的字符串中可以使用已经定义的宏名。在宏展开时由预处理程序层层代换。

例如：

```
#define PI 3.1415926
#define S PI*y*y
```

对语句：

```
printf("%f",S);
```

在宏代换后变为：

```
printf("%f",3.1415926*y*y);
```

（6）习惯上宏名用大写字母表示，以便于与变量区别，但也允许用小写字母。

（7）可用宏定义表示数据类型，使书写方便。

例如：

```
#define STU struct stu
```

在程序中可用 STU 作变量说明：

```
STU body[5],*p;
#define INTEGER int
```

在程序中即可用 INTEGER 作整型变量说明：

```
INTEGER a,b;
```

应注意用宏定义表示数据类型和用 typedef 定义数据说明符的区别。

10.1.2 带参宏定义

C 语言允许宏带有参数。在宏定义中的参数称为形式参数，在宏调用中的参数称为实际参数。

对带参数的宏，在调用中，不仅要宏展开，而且要用实参去代换形参。带参宏定义的一般形式为：

```
#define  宏名(形参表)  字符串
```

在字符串中含有各个形参。

带参宏调用的一般形式为：

```
宏名(实参表);
```

例如：

```
#define M(y) y*y+3*y           /*宏定义*/
   ……
k=M(5);                        /*宏调用*/
   ……
```

在宏调用时，用实参 5 去代替形参 y，经预处理宏展开后的语句为：

```
k=5*5+3*5
```

程序文本【10.2】

```
#define MAX(a,b) (a>b)?a:b
main(){
```

```
    int x,y,max;
    printf("input two numbers:      ");
    scanf("%d%d",&x,&y);
    max=MAX(x,y);
    printf("max=%d\n",max);
}
```

上例程序的第一行进行带参宏定义，用宏名 MAX 表示条件表达式(a>b)?a:b，形参 a,b 均出现在条件表达式中。程序第 6 行 max=MAX(x,y)为宏调用，实参 x,y 将代换形参 a,b。宏展开后该语句为：

max=(x>y)?x:y;

用于计算 x,y 中的大数。

对于带参的宏定义有以下几点需要说明：

（1）带参宏定义中，宏名和形参表之间不能有空格出现。

例如把：

#define MAX(a,b) (a>b)?a:b

写为：

#define MAX (a,b) (a>b)?a:b

将被认为是无参宏定义，宏名 MAX 代表字符串 (a,b) (a>b)?a:b。宏展开时，宏调用语句：

max=MAX(x,y);

将变为：

max=(a,b)(a>b)?a:b(x,y);

这显然是错误的。

（2）在带参宏定义中，形式参数不分配内存单元，因此不必作类型定义。而宏调用中的实参有具体的值。要用它们去代换形参，因此必须作类型说明。这是与函数中的情况不同的。在函数中，形参和实参是两个不同的量，各有自己的作用域，调用时要把实参值赋予形参，进行“值传递”。而在带参宏中，只是符号代换，不存在值传递的问题。

（3）在宏定义中的形参是标识符，而宏调用中的实参可以是表达式。

（4）在宏定义中，字符串内的形参通常要用括号括起来以便可靠地替换。

例如：

#define aq(x) (x)*(x)

如果一个语句使用带参数的宏：

a=aq(b+c);

则宏展开后为：

a=(b+c)*(b+c)

若宏定义中字符串中的形参不加括号：

#define aq(x) x*x

此时宏展开为：

a=b+c*b+c

显然与编程者思维不符。

C语言程序设计教程

10.2　文件包含

文件包含是C预处理程序的另一个重要功能。

文件包含命令行的一般形式为：

#include "文件名"

#include <文件名>

在前面我们已多次用此命令包含过库函数的头文件。例如：

#include "stdio.h"

#include <math.h>

文件包含命令的功能是把指定的文件插入该命令行位置取代该命令行，从而把指定的文件和当前的源程序文件连成一个源文件。

在程序设计中，文件包含是很有用的。一个大的程序可以分为多个模块，由多个程序员分别编程。有些公用的符号常量或宏定义等可单独组成一个文件，在其他文件的开头用包含命令包含该文件即可使用。这样，可避免在每个文件开头都去书写那些公用量，从而节省时间，并减少出错。

对文件包含命令还要说明以下几点：

（1）包含命令中的文件名可以用双引号括起来，也可以用尖括号括起来。但是这两种形式是有区别的：使用尖括号表示在包含文件目录中去查找（包含目录是由用户在设置环境时设置的），而不在源文件目录去查找；

使用双引号则表示首先在当前的源文件目录中查找，若未找到才到包含目录中去查找。用户编程时可根据自己文件所在的目录来选择某一种命令形式。

（2）一个include命令只能指定一个被包含文件，若有多个文件要包含，则需用多个include命令。

（3）文件包含允许嵌套，即在一个被包含的文件中又可以包含另一个文件。

10.3　条件编译

预处理程序提供了条件编译的功能。可以按不同的条件去编译不同的程序部分，因而产生不同的目标代码文件。这对于程序的移植和调试是很有用的。

条件编译有三种形式，下面分别介绍。

1）第一种形式

```
#ifdef  标识符
  程序段 1
#else
  程序段 2
#endif
```

它的功能是，如果标识符已被 #define 命令定义过则对程序段 1 进行编译；否则对程序段 2 进行编译。如果没有程序段 2（它为空），本格式中的#else 可以没有，即可以写为：

#ifdef 标识符

程序段

#endif

程序文本【10.3】

```
#define NUM ok
main(){
    struct stu
    {
        int num;
        char *name;
        char sex;
        float score;
    }   *ps;
    ps=(struct stu*)malloc(sizeof(struct stu));
    ps->num=102;
    ps->name="Zhang ping";
    ps->sex='M';
    ps->score=62.5;
    #ifdef NUM
    printf("Number=%d\nScore=%f\n",ps->num,ps->score);
    #else
    printf("Name=%s\nSex=%c\n",ps->name,ps->sex);
    #endif
    free(ps);
}
```

由于在程序的第 16 行插入了条件编译预处理命令，因此要根据 NUM 是否被定义过来决定编译哪一个 printf 语句。而在程序的第一行已对 NUM 作过宏定义，因此应对第一个 printf 语句作编译，故运行结果是输出了学号和成绩。

在程序的第一行宏定义中，定义 NUM 表示字符串 ok，其实也可以为任何字符串，甚至不给出任何字符串，写为：

#define NUM

也具有同样的意义。只有取消程序的第一行才会去编译第二个 printf 语句。读者可上机试作。

2）第二种形式

#ifndef 标识符

程序段 1

#else

程序段 2

#endif

与第一种形式的区别是将“ifdef”改为“ifndef”。它的功能是，如果标识符未被#define 命令定义过则对程序段 1 进行编译，否则对程序段 2 进行编译。这与第一种形式的功能正相反。

例如：

```
#ifndef    EOF
  #define    EOF    -1
#endif
```

其功能是：如果 EOF 没有定义，则定义 EOF 为–1。

3）第三种形式

#if 条件

  程序段 1

#else

  程序段 2

#endif

它的功能是，如条件表达式的值为真（非 0），则对程序段 1 进行编译，否则对程序段 2 进行编译。因此可以使程序在不同条件下完成不同的功能。

程序文本【10.4】

```
#define R 1
main()
{
  float c,r,s;
  printf ("inputanumber:    ");
  scanf("%f",&c);
  #if R
    r=3.14159*c*c;
    printf("area of round is: %f\n",r);
  #else
    s=c*c;
printf("area of square is: %f\n",s);
  #endif
}
```

本例中采用了第三种形式的条件编译。在程序第 1 行宏定义中，定义 R 为 1，因此在条件编译时，条件表达式的值为真，故计算并输出圆面积。

上面介绍的条件编译当然也可以用条件语句来实现。但是用条件语句将会对整个源程序进行编译，生成的目标代码程序很长，而采用条件编译，则根据条件只编译其中的程序段 1 或程序段 2，生成的目标程序较短。如果条件选择的程序段很长，采用条件编译的方法是十分必要的。

10.4 C语言趣味程序设计实例10

题目：常胜将军

现有21根火柴，两人轮流取，每人每次可以取1～4根，不可多取，也不能不取，谁取最后一根火柴谁输。请编写一个程序进行人机对弈，要求人先取，计算机后取；计算机一方为“常胜将军”。

1）问题分析与算法设计

在计算机后取的情况下，要想使计算机成为“常胜将军”，必须找出取胜的关键。根据本题的要求可以总结出：后取一方取子的数量与对方刚才一步取子的数量之和等于 5，就可以保证最后一个子是留给先取子的那个人的。

据此分析进行算法设计是很简单的工作，编程实现亦十分容易。

2）程序与程序注释

```
main()
{
   int a=21,i;
   printf("Game begin:\n");
   while (a>0)
   {
    do
       {
          printf("How many sticks do you wish to take (1～%d)? ",a>4?4:a);
          scanf("%d",&i);
   }while(i>4||i<1||i>a)
            if (a-i>0) printf("%d sticks left in the pile.\n",a-i);
            if ((a-i)<=0)
              {
    printf("You have taken the last sticks.\n");
    printf("* * * You lose !\n Game Over.\n");
    break;
   }
  else
    printf("Computer take %d sticks.\n",5-i);
    a-=5;
  printf("%d sticks letf in the pile.\n",a);
         }
   }
```

运行结果

```
Game begin:
How many sticks do you wish to take(1~4)?2
    19 sticks left in the pile.
Computer take 3 sticks.
    16 sticks left in the pile.
How many sticks do you wish to take(1~4)?3
    13 sticks left in the pile.
Computer take 2 sticks.
    11 sticks left in the pile.
How many sticks do you wish to take(1~4)?4
    7 sticks left in the pile.
Computer take 1 sticks.
    6 sticks left in the pile.
How many sticks do you wish to take(1~4)?1
    5 sticks left in the pile.
Computer take 4 sticks.
    1 sticks left in the pile.
How many sticks do you wish to take(1~4)?1
    You have taken the last sticks.
    * * * You lose!
    Game Over.
```

10.5 本章小结

预处理功能是C语言特有的功能，它是在对源程序正式编译前由预处理程序完成的。程序员在程序中用预处理命令来调用这些功能。

宏定义是用一个标识符来表示一个字符串，这个字符串可以是常量、变量或表达式。在宏调用中将用该字符串代换宏名。

宏定义可以带有参数，宏调用时是以实参代换形参。而不是“值传送”。

为了避免宏代换时发生错误，宏定义中的字符串应加括号，字符串中出现的形式参数两边也应加括号。

文件包含是预处理的一个重要功能，它可用来把多个源文件连接成一个源文件进行编译，结果将生成一个目标文件。

条件编译允许只编译源程序中满足条件的程序段，使生成的目标程序较短，从而减少了内存的开销并提高了程序的效率。

使用预处理功能便于程序的修改、阅读、移植和调试，也便于实现模块化程序设计。

10.6 复习题

1．定义一个带参的宏，使两个参数的值互换，并写出程序，输入两个数作为使用宏时的实参。输出已交换后的两个值。

2．输入两个整数，求他们相除的余数。用带参的宏来实现，编程序。

3．三角形面积为：$area=\sqrt{s(s-a)(s-b)(s-c)}$

其中 s=(a+b+c)/2，a、b、c 为三角形的三边。定义两个带参的宏 S，一个用来求 area，另一个用来求 s。写程序，在程序中用带实参的宏名来求面积 area。

4．请设计输出实数的格式，包括：⑴一行输出一个实数；⑵一行内输出两个实数；⑶一行内输出三个实数。实数用“6.2f”格式输出。

5．用条件编译方法实现以下功能：

输入一行电报文字，可以任选两种输出，一为原文输出；一为将字母变成其下一字母（如'a'变成'b'……'z'变成'a'，其他字符不变）。用命令来控制是否要译成密码。例如：#define CHANGE 1，则输出密码。若：#define CHANGE 0，则不译为密码，按原码输出。

10.7 程序设计实践

1．编写程序，用宏定义的方法求两个整数相除的余数。

2．分别用函数和有参宏，从 3 个数中找出最大数。

3．编程序，用宏定义的方法判断输入的年份是否是闰年。

C语言程序设计教程

第11章 文　　件

关键字

文件
文件指针
读
写

在前面章节中我们学过一些函数，如：printf()、scanf()、getchar()、putchar()函数，它们是通过输入输出设备在程序中进行数据的输入和输出。但是利用它们，数据从键盘输入到内存，只能存放在变量等内存单元中，只能在显示器上显示。一旦退出系统或关机，就将不存在。为了使数据能长期保存，我们就必须把它保存在磁盘上，这就需要文件。C 语言能够处理什么样的文件？对于磁盘上的文件如何处理？本章将着重讲述文件的概念、文件的打开和关闭，有关文件的常用的读写函数等。

11.1 文件的概念

所谓“文件”是指一组相关数据的有序集合。这个数据集有一个名称，叫做文件名。实际上在前面的各章中我们已经多次使用了文件，例如源程序文件、目标文件、可执行文件、库文件（头文件）等。文件通常是驻留在外部介质（如磁盘等）上的，在使用时才调入内存中来。从不同的角度可对文件作不同的分类。从用户的角度看，文件可分为普通文件和设备文件两种。

普通文件是指驻留在磁盘或其他外部介质上的一个有序数据集，可以是源文件、目标文件、可执行程序；也可以是一组待输入处理的原始数据，或者是一组输出的结果。对于源文件、目标文件、可执行程序可以称做程序文件，对输入输出数据可称做数据文件。

设备文件是指与主机相连的各种外部设备，如显示器、打印机、键盘等。在操作系统中，把外部设备也看做是一个文件来进行管理，把它们的输入、输出等同于对磁盘文件的读和写。通常把显示器定义为标准输出文件，一般情况下在屏幕上显示有关信息就是向标准输出文件输出。如前面经常使用的 printf、putchar 函数就是这类输出。键盘通常被指定为标准的输入文件，从键盘上输入就意味着从标准输入文件上输入数据。Scanf、getchar 函数就属于这类输入。

从文件编码的方式来看，文件可分为 ASCII 码文件和二进制码文件两种。

ASCII 文件也称为文本文件，这种文件在磁盘中存放时每个字符对应一个字节，用于存放对应的 ASCII 码。例如，数 5678 的存储形式为：

ASCII 码：00110101 00110110 00110111 00111000

↓ ↓ ↓ ↓

十进制码： 5 6 7 8 共占用 4 个字节。ASCII 码文件可在屏幕上按字符显示，例如源程序文件就是 ASCII 文件，用 DOS 命令 TYPE 可显示文件的内容。由于是按字符显示，因此能读懂文件内容。

二进制码文件是按二进制的编码方式来存放文件的。例如，数 5678 的存储形式为：00010110 00101110 只占两个字节。二进制码文件虽然也可在屏幕上显示，但其内容无法读懂。C 系统在处理这些文件时，并不区分类型，都看成是字符流，按字节进行处理。输入输出字符流的开始和结束只由程序控制而不受物理符号（如回车符）的控制。因此也把这种文件称做“流式文件”。

C 语言在使用文件时，系统会在内存中为每一个文件开辟一个区域，用来存放文件的有关信息（如文件状态、文件的名字以及文件当前的位置等）。这些信息保存在一个结构体变量中。该结构体名为 FILE，Turbo C 在 stdio.h 头文件中有 FILE 类型的声明。

在 C 语言中用一个指针变量指向一个文件，这个指针称为文件指针。通过文件指针就可对它所指的文件进行各种操作。用 FILE 类型可以定义文件类型指针。

定义说明文件指针的一般形式为：

FILE *指针变量标识符；

其中 FILE 应为大写，在编写源程序时不必关心 FILE 结构的细节。例如：FILE *fp；表示 fp 是指向 FILE 结构的指针变量，通过 fp 即可找到存放某个文件信息的结构变量，然后按结构变量提供的信息找到该文件，实施对文件的操作。习惯上也笼统地把 fp 称为指向一个文件的指针。

文件在进行读写操作之前要先打开，使用完毕要关闭。所谓打开文件，实际上是建立文件的各种有关信息，并使文件指针指向该文件，以便进行其他操作。关闭文件则断开指针与文件之间的联系，也就禁止再对该文件进行操作。

在 C 语言中，文件操作都是由库函数来完成的。在本章内将介绍文件的打开、关闭以及主要的文件操作函数等。

11.2 文件的打开与关闭

fopen 函数用来打开一个文件，其调用的一般形式为：

文件指针名=fopen（文件名，使用文件方式）

说明："文件指针名"必须是被说明为 FILE 类型的指针变量，"文件名"是被打开文件的文件名。"使用文件方式"是指文件的类型和操作要求。"文件名"是字符串常量或字符串数组。例如：

```
FILE *fp;
fp= fopen ("file a","r");
```

其意义是在当前目录下打开文件 file a，只允许进行"读"操作，并使 fp 指向该文件。又如：

```
FILE *fphzk
fphzk= fopen ("c:\\hzk16","rb")
```

其意义是打开 c 驱动器磁盘的根目录下的文件 hzk16，这是一个二进制码文件，只允许按二进制方式进行读操作。两个反斜线"\\"表示转义字符。使用文件的方式共有 12 种，表 11.1 给出了它们的符号和意义。

表 11.1 文件使用方式的符号和意义

文件使用方式	意　义
"rt"	只读打开一个文本文件，只允许读数据
"wt"	只写打开或建立一个文本文件，只允许写数据
"at"	追加打开一个文本文件，并在文件末尾写数据
"rb"	只读打开一个二进制码文件，只允许读数据
"wb"	只写打开或建立一个二进制码文件，只允许写数据
"ab"	追加打开一个二进制码文件，并在文件末尾写数据
"rt+"	读写打开一个文本文件，允许读和写
"wt+"	读写建立一个文本文件，允许读写
"at+"	读写打开一个文本文件，允许读，或在文件末追加数据
"rb+"	读写打开一个二进制码文件，允许读和写
"wb+"	读写建立一个新二进制码文件，允许读和写
"ab+"	读写打开一个二进制码文件，允许读，或在文件末追加数据

C语言程序设计教程

对于文件使用方式有以下几点说明：

（1）文件使用方式由r，w，a，t，b，+六个字符拼成，各字符的含义是：

r(read)：读；

w(write)：写；

a(append)：追加；

t(text)：文本文件，可省略不写；

b(banary)：二进制码文件；

+：读和写。

（2）凡用“r”打开一个文件时，该文件必须已经存在，且只能从该文件读出。

（3）用“w”打开的文件只能向该文件写入。若打开的文件不存在，则以指定的文件名建立该文件，若打开的文件已经存在，则将该文件删去，重建一个新文件。

（4）若要向一个已存在的文件追加新的信息，只能用“a”方式打开文件。但此时该文件必须是存在的，否则将会出错。

（5）在打开一个文件时，如果出错，fopen将返回一个空指针值NULL。在程序中可以用这一信息来判别是否完成打开文件的工作，并作相应的处理。因此常用以下程序段打开文件：

```
if((fp=fopen("c:\\hzk16","rb")==NULL)
  {
  printf("\nerror on open c:\\hzk16 file!");
  getch();
  exit(1);
  }
```

这段程序的意义是，如果返回的指针为空，表示不能打开c盘根目录下的hzk16文件，则给出提示信息“error on open c:\ hzk16file!”，下一行getch()的功能是从键盘输入一个字符，但不在屏幕上显示。在这里，该行的作用是等待，只有当用户从键盘敲任一键时，程序才继续执行，因此用户可利用这个等待时间阅读出错提示。敲键后执行exit(1)退出程序。

（6）把一个文本文件读入内存时，要将ASCII码转换成二进制码，而把文件以文本方式写入磁盘时，也要把二进制码转换成ASCII码，因此文本文件的读写要花费较多的转换时间。对二进制码文件的读写不存在这种转换。

（7）标准输入文件（键盘），标准输出文件（显示器），标准出错输出（出错信息）是由系统打开的，可直接使用。

文件一旦使用完毕，应用关闭文件函数fclose把文件关闭，以避免发生文件的数据丢失等错误。

fclose函数调用的一般形式是：

fclose（文件指针）；

例如：

fclose(fp);

正常完成关闭文件操作时，fclose函数返回值为0。如返回非零值则表示有错误发生。对文件的读和写是最常用的文件操作。

在 C 语言中提供了多种文件读写的函数：

字符读写函数：fgetc 和 fputc

字符串读写函数：fgets 和 fputs

格式化读写函数：fscanf 和 fprinf

值得注意的是，使用以上函数之前应包含头文件 stdio.h。

11.3 文件的字符输入与输出

字符读写函数 fgetc 和 fputc 是以字符（字节）为单位的读写函数。每次可从文件读出或向文件写入一个字符。

1．读字符函数 fgetc

fgetc 函数的功能是从指定的文件中读一个字符，函数调用的形式为：

字符变量=fgetc（文件指针）；

例如：ch=fgetc(fp);其意义是从打开的文件 fp 中读取一个字符并送入 ch 中。

对于 fgetc 函数的使用有以下几点说明：

（1）在 fgetc 函数调用中，读取的文件必须是以读或读写方式打开的。

（2）读取字符的结果也可以不向字符变量赋值，例如：fgetc(fp);但是读出的字符不能保存。

（3）在文件内部有一个位置指针。用来指向文件的当前读写字节。在文件打开时，该指针总是指向文件的第一个字节。使用 fgetc 函数后，该位置指针将向后移动一个字节。因此可连续多次使用 fgetc 函数，读取多个字符。应注意文件指针和文件内部的位置指针不是一回事。文件指针是指向整个文件的，需在程序中定义说明，只要不重新赋值，文件指针的值是不变的。文件内部的位置指针用以指示文件内部的当前读写位置，每读写一次，该指针均向后移动，它不需要在程序中定义说明，而是由系统自动设置的。

程序文本【11.1】 读入文件 e11_1.c，在屏幕上输出。

```
#include<stdio.h>
main()
  {
  FILE *fp;
  char ch;
  if((fp=fopen("e11_1.c","rt"))= =NULL)
  {
  printf("Cannot open file strike any key exit!");
  getch();
  exit(1);
  }
  ch=fgetc(fp);
  while (ch!=EOF)
  {
```

C语言程序设计教程

```
        putchar(ch);
        ch=fgetc(fp);
        }
        fclose(fp);
    }
```

程序 11.1 程序的功能是从文件中逐个读取字符，在屏幕上显示。程序定义了文件指针 fp，以读文本文件的方式打开文件“e11_1.c”，并使 fp 指向该文件。如打开文件出错，给出提示并退出程序。程序中先读出一个字符，然后进入循环，只要读出的字符不是文件结束标志（每个文件末有一结束标志 EOF）就把该字符显示在屏幕上，再读入下一字符。每读一次，文件内部的位置指针向后移动一个字符，文件结束时，该指针指向 EOF。执行本程序将显示整个文件。

2. 写字符函数 fputc

fputc 函数的功能是把一个字符写入指定的文件中，函数调用的形式为：

fputc（字符量，文件指针）;

其中，待写入的字符量可以是字符常量或变量，例如：

fputc('a',fp);　/*其意义是把字符 a 写入 fp 所指向的文件中。*/

对于 fputc 函数的使用也要说明几点：

（1）被写入的文件可以用、写、读写、追加方式打开，用写或读写方式打开一个已存在的文件时将清除原有的文件内容，写入字符从文件首开始。如需保留原有文件内容，希望写入的字符以文件末开始存放，必须以追加方式打开文件。被写入的文件若不存在，则创建该文件。

（2）每写入一个字符，文件内部位置指针向后移动一个字节。

（3）fputc 函数有一个返回值，如写入成功则返回写入的字符，否则返回一个 EOF。可用此来判断写入是否成功。

程序文本【11.2】　从键盘输入一行字符，写入一个文件，再把该文件内容读出显示在屏幕上。

```
#include<stdio.h>
main()
  {
  FILE *fp;
  char ch;
  if((fp=fopen("string","wt+"))==NULL)
    {
    printf("Cannot open file strike any key exit!");
    getch();
    exit(1);
    }
  printf("input a string:\n");
```

```
        ch=getchar();
        while (ch!= '\n')
          {
          fputc(ch,fp);
          ch=getchar();
          }
        rewind(fp);
        ch=fgetc(fp);
        while(ch!=EOF)
          {
          putchar(ch);
          ch=fgetc(fp);
          }
        printf("\n");
        fclose(fp);
      }
```

程序 11.2 中以读写文本文件的方式打开文件 string。程序第 13 行从键盘读入一个字符后进入循环，当读入字符不为回车符时，则把该字符写入文件之中，然后继续从键盘读入下一字符。每输入一个字符，文件内部位置指针向后移动一个字节。写入完毕，该指针已指向文件末。如要把文件从头读出，须把指针移向文件头，程序中 rewind 函数用于把 fp 所指文件的内部位置指针移到文件头。最后用于读出文件中的一行内容。

11.4 文件的字符串输入与输出

1. 读字符串函数 fgets

功能是从指定的文件中读一个字符串到字符数组中。

函数调用的形式为：fgets（字符数组名，n，文件指针）。

其中 n 是一个正整数。表示从文件中读出的字符串不超过 n−1 个字符。在读入的最后一个字符后加上串结束标志'\0'。例如：fgets(str,n,fp)；的意义是从 fp 所指的文件中读出 n−1 个字符送入字符数组 str 中。

程序文本【11.3】 从 e11_1.c 文件中读入一个含 10 个字符的字符串。

```
#include<stdio.h>
main()
  {
  FILE *fp;
  char str[11];
  if((fp=fopen("e11_1.c","rt"))==NULL)
    {
```

```
            printf("Cannot open file strike any key exit!");
            getch();
            exit(1);
            }
        fgets(str,11,fp);
        printf("%s",str);
        fclose(fp);
    }
```

程序 11.3 定义了一个字符数组 str 共 11 个字节，在以读文本文件方式打开文件 e11_1.c 后，从中读出 10 个字符送入 str 数组，在数组最后一个单元内将加上'\0'，然后在屏幕上显示输出 str 数组。输出的 10 个字符正是例 11.1 程序的前 10 个字符。

对 fgets 函数有两点说明：

（1）在读出 n–1 个字符之前，如遇到了换行符或 EOF，则读出结束。

（2）fgets 函数也有返回值，其返回值是字符数组的首地址。

2．写字符串函数 fputs

功能是向指定的文件写入一个字符串，调用形式：

fputs（字符串，文件指针）

其中字符串可以是字符串常量，也可以是字符数组名或指针变量，例如：

fputs("abcd", fp);

其意义是把字符串“abcd”写入 fp 所指的文件之中。

程序文本【11.4】 在程序 11.2 中建立的文件 string 中追加一个字符串。

```
    #include<stdio.h>
    main()
    {
        FILE *fp;
        char ch,st[20];
        if((fp=fopen("string","at+"))= =NULL)
            {
            printf("Cannot open file strike any key exit!");
            getch();
            exit(1);
            }
        printf("input a string:\n");
        scanf("%s",st);
        fputs(st,fp);
        rewind(fp);
        ch=fgetc(fp);
        while(ch!=EOF)
            {
```

```
        putchar(ch);
        ch=fgetc(fp);
        }
    printf("\n");
    fclose(fp);
}
```

程序 11.4 中要求在 string 文件末加写字符串，因此，在程序第 6 行以追加读写文本文件的方式打开文件 string。然后输入字符串，并用 fputs 函数把该串写入文件 string。在程序第 15 行用 rewind 函数把文件内部位置指针移到文件首。再进入循环逐个显示当前文件中的全部内容。

11.5 文件的格式化输入与输出

fscanf、fprintf 函数与前面使用的 scanf 和 printf 函数的功能相似，都是格式化读写函数。两者的区别在于 fscanf 和 fprintf 函数的读写对象不是键盘和显示器，而是磁盘文件。

这两个函数的调用格式为：

fscanf（文件指针，格式字符串，输入表列）；

fprintf（文件指针，格式字符串，输出表列）；

例如：fscanf(fp,"%d%s",&i,s);　　/*从 fp 指向的文件中读取的数据分别放在 i 和 s 指向的内存中*/

fprintf(fp,"%d%c",j,ch);　　/*将 j 和 ch 中的数据存入 fp 指向的文件中*/

程序文本【11.5】 从键盘输入两个学生的数据，写入一个文件中，再读出这两个学生的数据显示在屏幕上。

```
#include<stdio.h>
struct stu
    {
    char name[10];
    int num;
    int age;
    char addr[15];
    }boya[2],boyb[2],*pp,*qq;
main()
    {
    FILE *fp;
    char ch;
    int i;
    pp=boya;
    qq=boyb;
    if((fp=fopen("stu_list","wb+"))==NULL)
```

```
    {
    printf("Cannot open file strike any key exit!");
    getch();
    exit(1);
    }
  printf("\ninput data\n");
  for(i=0;i<2;i++,pp++)
    scanf("%s%d%d%s",pp->name,&pp->num,&pp->age,pp->addr);
  pp=boya;
  for(i=0;i<2;i++,pp++)
    fprintf(fp,"%s %d %d %s\n",pp->name,pp->num,pp->age,pp->
  addr);
  rewind(fp);
  for(i=0;i<2;i++,qq++)
    fscanf(fp,"%s %d %d %s\n",qq->name,&qq->num,&qq->age,qq->addr);
  printf("\n\nname\tnumber age addr\n");
  qq=boyb;
  for(i=0;i<2;i++,qq++)
  printf("%s\t%5d %7d %s\n",qq->name,qq->num, qq->age,qq->addr);
fclose(fp);
}
```

程序 11.5 中 fscanf 和 fprintf 函数每次只能读写一个结构数组元素，因此采用了循环语句来读写全部数组元素。还要注意指针变量 pp、qq，由于循环改变了它们的值，因此在程序中两次分别对它们重新赋予了数组的首地址。

11.6 C 语言趣味程序实例 11

题目：汉诺塔（见图 11.1）

约 19 世纪末，在欧州的商店中出售一种智力玩具，在一块铜板上有三根杆，最左边的杆上自上而下、由小到大顺序串着由 64 个圆盘构成的塔。目的是将最左边杆上的盘全部移到右边的杆上，条件是一次只能移动一个盘，且不允许大盘放在小盘的上面。

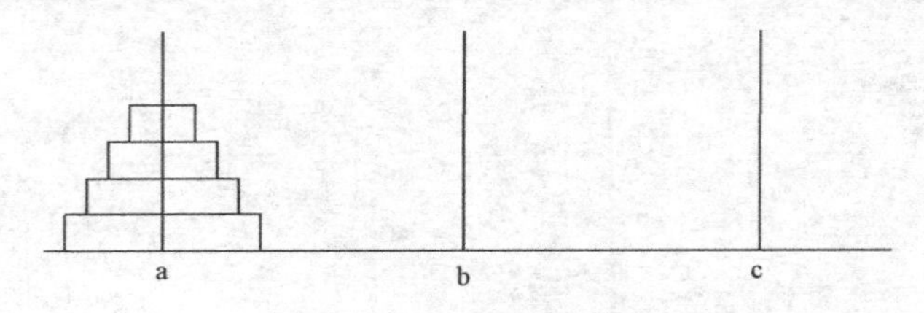

图 11.1 汉诺塔

1）问题分析与算法设计

这是一个著名的问题，几乎所有的教材上都有这个问题。由于条件是一次只能移动一个盘，且不允许大盘放在小盘上面，所以 64 个盘的移动次数是：18，446，744，073，709，551，615。这是一个天文数字，若每一微秒可能计算（并不输出）一次移动，那么也需要几乎一百万年。我们仅能找出问题的解决方法并解决较小 N 值时的汉诺塔，但很难用计算机解决 64 层的汉诺塔。

分析问题，找出移动盘子的正确算法。

首先考虑 a 杆下面的盘子而非杆上最上面的盘子，于是任务变成了：

① 将上面的 63 个盘子移到 b 杆上；

② 将 a 杆上剩下的盘子移到 c 杆上；

③ 将 b 杆上的全部盘子移到 c 杆上。

将这个过程继续下去，就是要先完成移动 63 个盘子、62 个盘子、61 个盘子……的工作。

为了更清楚地描述算法，可以定义一个函数 movedisc(n,a,b,c)。该函数的功能是：将 *N* 个盘子从 A 杆上借助 C 杆移动到 B 杆上。这样移动 *N* 个盘子的工作就可以按照以下过程进行：

① movedisc(n−1,a,c,b)；

② 将一个盘子从 a 移动到 b 上；

③ movedisc(n−1,c,b,a)；

重复以上过程，直到将全部的盘子移动到位时为止。

2）程序与程序注释

```
#include<stdio.h>
void movedisc(unsigned n,char fromneedle,char toneedle,char usingneedle);
int i=0;
void main()
  {
    unsigned n;
    printf("please enter the number of disc:");
    scanf("%d",&n); /*输入 N 值*/
    printf("\tneedle:\ta\t b\t c\n");
    movedisc(n, 'a','c','b'); /*从 A 上借助 B 将 N 个盘子移动到 C 上*/
    printf("\t Total: %d\n",i);
  }
void movedisc(unsigned n,char fromneedle,char toneedle,char usingneedle)
  {
    if(n>0)
      {
      movedisc(n-1,fromneedle,usingneedle,toneedle);
      /*从 fromneedle 上借助 toneedle 将 N-1 个盘子移动到 usingneedle 上*/
      ++i;
      switch(fromneedle) /*将 fromneedle 上的一个盘子移到 toneedle 上*/
        {
```

C语言程序设计教程

```
                case 'a': switch(toneedle){
                        case 'b': printf("\t[%d]:\t%2d.........>%2d\n",i,n,n);
                                break;
                        case 'c': printf("\t[%d]:\t%2d...............>%2d\n",i,n,n);
                                break;
                                        }
                        break;
                case 'b': switch(toneedle){
                        case 'a': printf("\t[%d]:\t%2d<...............>%2d\n",i,n,n);
                                break;
                        case 'c': printf("\t[%d]:\t %2d........>%2d\n",i,n,n);
                                break;
                                        }
                        break;
                case 'c': switch(toneedle){
                        case 'a': printf("\t[%d]:\t%2d<............%2d\n",i,n,n);
                                break;
                        case 'b': printf("\t[%d]:\t%2d<........%2d\n",i,n,n);
                                break;
                                        }
                        break;
        }
        movedisc(n−1,usingneedle,toneedle,fromneedle);
        /*从 usingneedle 上借助 fromneedle 将 N−1 个盘子移动到 toneedle 上*/
    }
}
```

结果是：

```
Please enter the number of discs:4
Needle:a          b          c
[1]:    1 ———→ 1
[2]:    2 ————————————→ 2
[3]:               1 ————→ 1
[4]:    3 ———→ 3
[5]:      1 ——————————— 1
[6]:      2 ←——— 2
[7]:    1 ———→ 1
[8]:    4 ————————————→ 4
[9]:               1 ————→ 1
[10]:     2 ←——— 2
[11]:     1 ——————————— 1
```

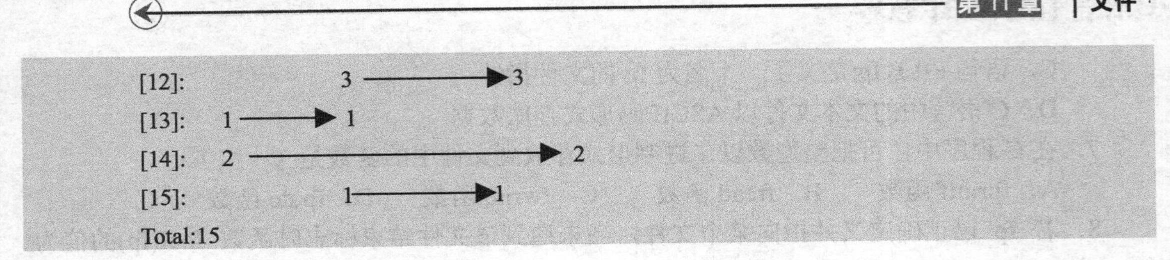

11.7 本章小结

一、C 语言中，用文件指针标识文件，当一个文件被打开时可取得该文件指针。

打开文件的形式是：文件指针名=fopen（"文件名"，"打开方式"）；

二、文件在读写之前必须打开，读写结束必须关闭。关闭文件的一般形式是：fclose（文件指针）。

三、文件可按只读、只写、读写、追加四种操作方式打开，同时还必须指定文件的类型是二进制码文件还是文本文件。

四、文件可按字节、字符串为单位读写，文件也可按指定的格式进行读写。字符读写函数：fget 和 fput；字符串读写函数：fgets 和 fputs；格式化读写函数：fscanf 和 fprintf。

11.8 复习题

一、选择题

1．系统的标准数入文件是指（　　）。

A．键盘　　B．显示器　　C．软盘　　D．硬盘

2．若执行 fopen 函数时发生错误，则函数的返回值是（　　）。

A．地址值　　B．0　　C．1　　D．EOF

3．若要用 fopen 函数打开一个新的二进制码文件，该文件要既能读也能写，则文件方式字符串应是（　　）。

A．"ab+"　　B．"wb+　　C．"rb+"　　D．"ab"

4．fscanf 函数的正确调用形式是（　　）。

A．fscanf(fp，格式字符串，输出表列)

B．fscanf(格式字符串，输出表列，fp)

C．fscanf(格式字符串，文件指针，输出表列)

D．fscanf(文件指针，格式字符串，输入表列)

5．fgetc 函数的作用是从指定文件读入一个字符，该文件的打开方式必须是（　　）。

A．只写　　B．追加　　C．读或读写　　D．答案 B 和 C 都正确

6．（1）以下叙述中错误的是（　　）。

A．C 语言中对二进制码文件的访问速度比文本文件快

B．C 语言中，随机文件以二进制代码的形式存储数据

C语言程序设计教程

C．语句 FILE fp;定义了一个名为 fp 的文件指针

D．C 语言中的文本文件以 ASCII 码形式存储数据

7．在 C 程序中，可把整型数以二进制形式存放到文件中的函数是（　　）。

A．fprintf 函数　　B．fread 函数　　C．fwrite 函数　　D．fputc 函数

8．若 fp 已正确定义并指向某个文件，当未遇到该文件结束标志时函数 feof(fp)的值为（　　）。

A．0　　B．1　　C．-1　　D．一个非 0 值

9．以下程序的功能是（　　）。

```
main()
{
        FILE  * fp;
        char  str[]="Beijing  2008";
    fp = fopen("file2", "w");
    fputs(str,fp);
    fclose(fp);
}
```

A．在屏幕上显示“Beiing　2008”

B．把"Beijing　2008"存入 file2 文件中

C．在打印机上打印出“Beiing　2008”

D．以上都不对

10．当已经存在一个 file1.txt 文件，执行函数 fopen("file1.txt", "r+")的功能是（　　）。

A．打开 file1.txt 文件，清除原有的内容

B．打开 file1.txt 文件，只能写入新的内容

C．打开 file1.txt 文件，只能读取原有内容

D．打开 file1.txt 文件，可以读取和写入新的内容

二、填空题

1．下面程序由键盘输入字符，存放到文件中，用!结束输入，请在________上填空。

```
#include  <stdio.h>
main()
{
 FILE   *fp;
 char   ch ;
 char   fname[10];
 printf("Input  name  of  file\n");
 gets(fname);
 if ((fp=fopen( fname, "w"))==NULL)
   { printf ("cannot   open   file\n");
     exit(0) ;
```

```
  }
 printf(("Enter   data:\n");
 while(_______________!='!')          /*提示：从键盘输入一个字符，如不是!*/
 fputc(____________________) ;         /*将从键盘输入的字符存入打开的文件中*/
 fclose(fp);
}
```

2．下面程序用变量 count 统计文件中字符的个数。请在__________中填写正确内容。

```
#include   <stdio.h>
main()
{
FILE   *fp;
long   count =0;
if ((fp=fopen("letter.txt",___________))==NULL)
   { printf ("cannot   open   file\n");
    exit(0) ;
   }
while( ! feof (fp))              /*!feof (fp)——未到文件尾，为真*/
/*feof()函数判断文件指针是否到文件尾，到文件尾，函数返回非 0 值，若未到文件尾，
函数返回 0 值*/
      {____________________;                          /*提示：从文件读入一个字符*/
________________;
      }
    printf("count =%ld\n",count);
    __________________;
  }
```

11.9　程序设计实践

1．编一程序，能把从终端读入的一个字符中的小写字母全部转换成大写字母，然后输出到一个磁盘文件"test"中保存（用字符!表示输入字符串的结束）。

2．从键盘输入一行字符，将其中小写字母转换为大写字母。

3．编写一个程序，以只读方式打开一个文本文件 filea.txt，如果打开，将文件地址放在 fp 文件指针中，打不开，显示“Cann’t　open　filea.txt　file \n.”，然后退出。

附录 C语言的标准库函数

一、数学函数（见表1）

使用数学函数时，应在该源文件中使用：#include"math.h"

表1 数学函数

函数名	函数类型和形参类型	功能	返回值
acos	double acos(x) double x;	计算 $\cos^{-1}(x)$的值	计算结果
asin	double asin(x) double x;	计算 $\sin^{-1}(x)$的值	计算结果
atan	double atan(x) double x;	计算 $\tan^{-1}(x)$的值	计算结果
cos	double cos(x) double x;	计算 cos（x）的值	计算结果
cosh	double cosh(x) double x;	计算 x 的双曲余弦 cosh（x）的值	计算结果
exp	double exp(x) double x;	求 e^x 的值	计算结果
fabs	double fabs(x) double x;	求 x 的绝对值	计算结果
floor	double floor (x) double x;	求出不大于 x 的最大整数	该整数的双精度实数
fmod	double fmod(x,y) double x,y;	求整数 x / y 的余数	返回余数双精度数
frexp	double frexp(val,eptr) double val; int *eptr;	把双精度数 val 分解为数字部分（尾数）x 和以 2 为底的指数 n，即 $val = x \times 2^n$，n 存放在 eptr 指向的变量中	返回数字部分 x $0.5 \leqslant x < 1$
log	double log(x) double x;	求 $\log_e x$，即 ln x	计算结果
log10	double log10(x) double x;	求 $\log_{10} x$	计算结果
modf	double modf(val,iptr) double val; double *iptr;	把双精度数 val 分解为整数部分和小数部分，把整数部分存到 iptr 指向的单元	val 的小数部分

续表

函数名	函数类型和形参类型	功能	返回值
pow	double pow (x,y) double x,y;	计算 x^y 的值	计算结果
sin	double sin (x) double x;	计算 sinx 的值	计算结果
sinh	double sinh (x) double x;	计算 x 的双曲正弦函数 sinh(x) 的值	计算结果
sqrt	double sqrt (x) double x;	计算根号下 x	计算结果
tan	double tan (x) double x;	计算 tan(x) 的值	计算结果
tanh	double tanh (x) double x;	计算 x 的双曲正切函数 tan h (x)的值	计算结果

二、字符函数和字符串函数（见表2）

ANSI C 标准要求在使用字符串函数时要包含头文件“string.h”，使用字符函数时要包含“ctype.h”。

表2 字符函数和字符串函数

函数名	函数类型和形参类型	功能	返回值	包含文件
isdigit	int isdigit(ch) int ch	检查 ch 是否是数字 0～9	是，返回 1；不是，返回 0	ctype.h
islower	int islower(ch) int ch	检查 ch 是否小写字母 a～z	是，返回 1；不是，返回 0	ctype.h
isupper	int isupper(ch) int ch	检查 ch 是否小写字母 A～Z	是，返回 1；不是，返回 0	ctype.h
strcat	char *strcat(str1,str2) char *str1,*str2	把字符串 str2 接到 str1 的后面，str1 最后的'\ 0'去掉	str1	string.h
strcmp	int strcmp (str1,str2) char *str1,*str2	比较两个字符串	str1<str2 返回负数 str1 = str2 返回 0 str1>str2 返回正数	string.h
strcpy	char*strcpy(str1,str2) char *str1,*str2	复制 str2 串到 str1 中	str1	string.h
tolower	int tolower(ch) int ch	将 ch 字符转换为小写字符	返回小写字母	ctype.h
toupper	int toupper(ch) int ch	将 ch 字符转换为大写字符	返回大写字母	ctype.h

三、输入输出函数（见表3）

使用以下函数，应在源文件中使用：#include "stdio.h"。

表3　输入输出函数

函 数 名	函数类型和形参类型	功　能	返 回 值
fclose	int fclose(fp) FILE *fp	关闭 fp 所指文件，释放文件缓冲区	有错，返回非 0，无错，返回 0
fgetc	int fgetc(fp) FILE *fp	从 fp 所指文件读取一个字符	无错，返回所得字符，有错，返回 EOF
fgets	int fgets(buf,n,fp) char buf; int n; FILE *fp	从 fp 所指文件读取一个长度为（n–1）的字符串，存入 buf	返回地址 buf，若遇文件结束或出错，返回 NULL
fopen	FILE*fopen(filename, mode) char *filename,*mode	以 mode 方式打开 filename 文件	成功，返回一个文件指针；失败，返回 0
fprintf	int fprintf(fp,format,arg_list) FILE *fp; char *format	把 arg_list 的值以 format 指定的格式输出到文件中	输出字符的个数
fputc	int fputc(ch,fp) char ch; FILE *fp	将字符 ch 输出到 fp 所指的文件	成功，返回该字符；失败，返回非 0
fputs	int fputs(str, fp) char *str, FILE * fp	将字符串 str 写到 fp 所指文件	成功，返回 0；失败，返回非 0
fread	int fread(buf,size,n,fp) char *buf; int size; int n; FILE *fp	从 fp 指向的文件读取 n 个长度为 size 的数据项，存到 buf	返回实际读取的数据项个数。读到文件结束或出错返回 0
fscanf	int fscanf(fp,format,arg _list) FILE *fp; char *format;	从 fp 所到之处指的文件按 format 给定的格式输入数据到 arg_list 所指的内存	实际输入的数据个数
fwrIte	int fwrite(buf,size,n,fp) char *buf; int size; int n; FILE *fp	将 buf 所指向的 n 个 size 字节输出到 fp 所指文件	实际写入的数据项的个数
getchar	int getchar	从键盘输入一个字符	所读字符
printf	int printf(format,arg_ list) char *format	将输出项 arg_list 的值按 format 格式输出到标准输出设备上	输出字符的个数
putchar	int putchar(ch) char ch	输出字符 ch 到标准输出设备	输出字符 ch
puts	int puts(str) char *str	输出字符串 str 到标准输出设备	成功，返回换行符；失败，返回 EOF
scanf	int scanf(format,arg _ list) char *format	从标准输入设备按 format 格式输入数据到 arg_list 所指内存	读入并赋 arg_list 数据个数。遇文件结束返回 EOF，出错返回 0

四、态存储分配函数（见表4）

ANSI 标准建议在头文件“stdlib.h”中包含动态存储分配库函数，但有许多的 C 编译用“malloc.h”包含。使用时，请查阅。

表4　动态存储分配函数

函数名	函数类型和形参类型	功能	返回值
free	void free(p) void *p;	释放 p 所占的内存区	
malloc	void *malloc(size) unsigned size	分配 size 字节的存储区	被分配的内存区的地址，如内存不够，返回 0

五、类型转换函数（见表5）

表5　类型转换函数

函数名	函数类型和形参类型	功能
atof	float atof(str) char *str	把由 str 指向的字符串转换为实型 float
atoi	int atoi(str) char *str	把由 str 指向的字符串转换为整型 int
atol	long atol(str) char *str	把由 str 指向的字符串转换为长整型 long int

模拟试题一

一、填空题

1．C 语言中基本的数据类型有：______、______ 、______ .

2．C 语言中普通整型变量的类型说明符为______，在内存中占______字节，有符号普通整型的数据范围是______.

3．整数-35 在机内的补码表示为______.

4．执行下列语句 int a=8；a+=a-=a*a；后，a 的值是______.

5．有如下语句：char A[ ]={"I am a student"}；该字符串的长度是______，A[3]=______.

6．符号"a"和'a'的区别是______.

7．所谓"指针"就是______，"&"运算符的作用是______，"*"运算符的作用是______.

8．有如下输入语句：scanf（"a=%d，b=%d，c=%d"，&a，&b，&c）；为使变量 a 的值为 1，b 的值为 3，c 的值为 2，从键盘输入数据的正确形式应是______.

二、选择题

1．设整型变量 a 为 5，使 b 不为 2 的表达式是（　　）。

A．b=a/2　　B．b=6-（--a）　　C．b=a%2　　D．b=a>3？2：1

2．为了避免嵌套的条件分支语句 if-else 的二义性，C 语言规定：C 程序中的 else 总是与（　　）组成配对关系。

A．缩排位置相同的 if　　B．在其之前未配对的 if

C．在其之前未配对的最近的 if　　D．同一行上的 if

3．以下程序的输出结果是（　　）。

```
int x=10，y=10；
printf（"%d  %d\n"，x--，--y）；
```

A．10　10　　B．9　9　　C．9　10　　D．10　9

4．设 A 为存放（短）整型的一维数组，如果 A 的首地址为 P，那么 A 中第 i 个元素的地址为（　　）。

A．P+i*2　　B．P+（i-1）*2　　C．P+（i-1）　　D．P+i

5．选出下列标识符中不是合法的标识符的是（　　）。

A．hot_do　　B．cat1　　C．_pri　　D．2ab

6．以下程序的输出结果是（　　）。

```
int a=5；
float x=3.14；
a*=x*（'E' - 'A'）；
```

printf（“%f\n”，(float）a);

A．62.000000　　B．62.800000　　C．63.000000　　D．62

7．设有说明 double（*p1）[N]；其中标识符 p1 是（　）。

A．N 个指向 double 型变量的指针。

B．指向 N 个 double 型变量的函数指针。

C．一个指向由 N 个 double 型元素组成的一维数组的指针。

D．具有 N 个指针元素的一维指针数组，每个元素都只能指向 double 型量。

8．在 C 程序中有如下语句：char *func（int x，int y)；它是（　）。

A．对函数 func 的定义。　　B．对函数 func 的调用。

C．对函数 func 的原型说明。　　D．不合法的。

9．以下程序的输出结果是（　）。

```
char str[15]="hello！";
printf（"%d\n"，strlen（str));
```

A．15　　B．14　　C．7　　D．6

10．分析以下程序的输出结果是（　）。

```
main（)
{int  a=5，b=-1，c;
c=adds（a，b);
printf（"%d"，c);
c=adds（a，b);
printf（"%d\n"，c);     }
int adds（int x，int y)
{static int m=0，n=3;
n*=++m;
m=n%x+y++;
return（m);           }
```

A．2，3　　B．2，2　　C．3，2　　D．2，4

11．下列描述中不正确的是（　）。

A．字符型数组中可能存放字符串。

B．可以对字符型数组进行整体输入、输出。

C．可以对整型数组进行整体输入、输出。

D．不能在赋值语句中通过赋值运算符“=”对字符型数组进行整体赋值。

12．以下程序的输出结果是（　）。

```
#define  f（x)    x*x
main（)
{int a=6，b=2，c;
c=f（a）/f（b);
printf（"%d\n"，c);
}
```

A. 9　　B. 6　　C. 36　　D. 18

13. 设有如下定义：int x=10，y=3，z;

则语句 printf（“%d\n”，z=（x%y，x/y））；的输出结果是（　）。

A. 1　　B. 0　　C. 4　　D. 3

14. 定义如下变量和数组：int i；int x[3][3]={1，2，3，4，5，6，7，8，9};

则语句 for（i=0；i<3；i++）printf（“%d ”，x[i][2-i]）；的输出结果是（　）。

A. 1 5 9　　B. 1 4 7　　C. 3 5 7　　D. 3 6 9

15. 以下对二维数组 a 进行正确初始化的是（　）

A. int a[2][3]={{1，2}，{3，4}，{5，6}};　　B. int a[ ][3]={1，2，3，4，5，6};

C. int a[2][ ]={1，2，3，4，5，6};　　D. int a[2][ ]={{1，2}，{3，4}};

16. 两次运行下面的程序，如果从键盘上分别输入 6 和 3，则输出结果是（　）。

int x;

scanf（“%d”，&x）;

if（x++>5） printf（“%d”，x）;

else printf（“%d\n”，x - -）;

A. 7 和 5　　B. 6 和 3　　C. 7 和 4　　D. 6 和 4

17. 设有如下定义：char *aa[2]={“abcd”，“ABCD”}；则以下说法中正确的是（　）。

A. aa 数组成元素的值分别是“abcd”和“ABCD”

B. aa 是指针变量，它指向含有两个数组元素的字符型一维数组

C. aa 数组的两个元素分别存放的是含有 4 个字符的一维字符数组的首地址

D. aa 数组的两个元素中各自存放了字符‘a’和‘A’的地址

18. 下列程序的输出结果是（　）。

char *p1=“abcd”，　*p2=“ABCD”，　str[50]=“xyz”;

strcpy（str+2，strcat（p1+2，p2+1））;

printf（“%s”，str）;

A. xyabcAB　　B. abcABz　　C. ABabcz　　D. xycdBCD

19. 下列程序的输出结果是（　）。

int a[5]={2，4，6，8，10}，*P，* *k;

p=a;　k=&p;

printf（“%d”，*（p++））;

printf（“%d\n”，* *k）;

A. 4 4　　B. 2 2　　C. 2 4　　D. 4 6

20. 不能把字符串：Hello！赋给数组 b 的语句是（　）。

A. char b[10]={‘H’，‘e’，‘l’，‘l’，‘o’，‘！’};

B. char b[10];　b=“Hello！”;

C. char b[10];　strcpy（b，“Hello！”）;

D. char b[10]=“Hello！”;

三、读程序题

1．float f=3.1415927；

printf（"%f，%5.4f，%3.3f'，f，f，f）；

则程序的输出结果是______.

2．int x=6， y=7；

printf（"%d，"，x++）；

printf（"%d\n"，++y）；

程序的输出结果是______.

3．a=3；

a+=（a<1）？a：1；

printf（"%d"，a）；

结果是.

4．for （a=1，b=1；a<=100；a++）

{ if（b>=20） break；

if（b%3==1）

{b+=3； continue；}

b-=5； }

程序的输出结果 a 的值为____.

5．int y=1， x， *p， a[ ]={2，4，6，8，10}；

p=&a[1]；

for（x=0；x<3；x++）

y +=＊（p + x）；

printf（"%d\n"，y）；

程序的输出结果 y 的值是____.

四、程序填空题

1．从键盘上输入 10 个数，求其平均值。

```
main（）
{int i；
float f，sum；
for（i=1，sum=0.0；i<11；i++）
{    ；
；  }
printf（"average=%f\n"，sum/10）；        }
```

2．以下程序是建立一个名为 myfile 的文件，并把从键盘输入的字符存入该文件，当键盘上输入结束时关闭该文件。

```
#include
main（）
```

C语言程序设计教程

```
{ FILE *fp;
char c;
fp=        ;
do{
c=getchar ();
fputs (c, fp);
}while (c! =EOF);
}
```

3．以下程序的功能是：从键盘上输入若干个学生的成绩， 统计并输出最高成绩和最低成绩，当输入负数时结束输入。请填空。

```
main ()
{ float x, amax, amin;
scanf ("%f", &x);
amax=x;    amin=x;
while (          )
{ if (x>amax)     amax=x;
if (         )     amin=x;
scanf ("%f", &x);                       }
printf ("\namax=%f\namin=%f\n", amax, amin);    }
```

五、编程题

1．三个整数 a、b、c，由键盘输入，输出其中最大的一个数。

2．输出 1900~2000 年中所有的闰年。每输出 3 个年号换一行。（判断闰年的条件为下面二者之一：能被 4 整除，但不能被 100 整除。或者能被 400 整除。）

3．请编一个函数 int fun（int a），它的功能是：判断 a 是否是素数，若 a 是素数，返回 1；若不是素数，返回 0.A 的值由主函数从键盘读入。

4．有 N 个学生，每个学生的信息包括学号、性别、姓名、四门课的成绩，从键盘上输入 N 个学生的信息，要求输出总平均成绩最高的学生信息，包括学号、性别、姓名和平均成绩。

模拟试题二

一、填空题

1．C 语言中普通整型变量的类型说明符为______，在内存中占______字节，有符号普通整型的数据范围是______.

2．C 语言中基本的数据类型有：______、______ 、______.

3．设整型变量 n 的值为 2，执行语句“n+=n-=n*n”后，n 的值是______.

4．共用体和结构体的定义格式类似，不同点是______.

5．有如下输入语句：scanf（“a=%d，b=%d，c=%d”，&a，&b，&c）；为使变量 a 的值为 1，b 的值为 3，c 的值为 2，从键盘输入数据的正确形式应是______.

6．有语句：char　A[ ]={“I am a student”}；该字符串的长度是______，A[3]=______.

7．符号“a”和‘a’的区别______.

8．下列程序的输出结果是______.

```
int ast（int x，int y，int * cp，int * dp）
{ *cp=x+y;    *dp=x-y;    }
main（）
{ int a=4，b=3，c，d;
ast（a，b，&c，&d);
printf（“%d，%d/n”，c，d）; }
```

二、选择题

1．以下选项中属于 C 语言的数据类型是（　　）。

A．复合型　　B．双精度型　　C．逻辑型　　D．集合型

2．以下说法中正确的是（　　）。

A．C 语言程序总是从第一个的函数开始执行

B．在 C 语言程序中，要调用的函数必须在 main（）函数中定义

C．C 语言程序总是从 main（）函数开始执行

D．C 语言程序中的 main（）函数必须放在程序的开始部分

3．选出下列标识符中不是合法的标识符的是（　　）。

A．hot_do　　B．cat1　　C．_pri　　D．2ab

4．下列描述中不正确的是（　　）。

A．字符型数组中可能存放字符串。

B．可以对字符型数组进行整体输入、输出。

C语言程序设计教程

C．可以对整型数组进行整体输入、输出。

D．不能在赋值语句中通过赋值运算符"="对字符型数组进行整体赋值。

5．若已定义：int a[9]， *p=a；并在以后的语句中未改变 p 的值，不能表示 a[1]地址的表达式为（　　）。

A．p+1　　B．a+1　　C．a++　　D．++p

6．设有如下定义：int x=10，y=3，z；

则语句 printf（"%d\n"，z=（x%y，x/y））； 的输出结果是（　　）。

A．1　　B．0　　C．4　　D．3

7．定义如下变量和数组：int i， x[3][3]={1，2，3，4，5，6，7，8，9}；则下面语句

for（i=0；i<3；i++） printf（"%d"，x[i][2-i]）； 的输出结果是（　　）

A．1 5 9　　B．1 4 7　　C．3 5 7　　D．3 6 9

8．读出以下语句的输出结果是（　　）。

int x=10，y=10；

printf（"%d %d\n"，x——，——y）；

A．10 10　　B．9 9　　C．9 10　　D．10 9

9．两次运行下面的程序，如果从键盘上分别输入 6 和 3，则输出结果是（　　）。

if（x++>5）printf（"%d"，x）；

else printf（"%d\n"，x - -）；

A．7 和 5　　B．6 和 3　　C．7 和 4　　D．6 和 4

10．设有如下定义：char *aa[2]={"abcd"，"ABCD"}；则以下说法中正确的是（　　）。

A．aa 数组成元素的值分别是"abcd"和 ABCD"

B．aa 是指针变量，它指向含有两个数组元素的字符型一维数组

C．aa 数组的两个元素分别存放的是含有 4 个字符的一维字符数组的首地址

D．aa 数组的两个元素中各自存放了字符'a'和'A'的地址

11．以下语句的输出结果是（　　）。

int a=-1，b=4，k；

k=（+ +a<0）&&!（b - -<=0）；

printf（"%d，%d，%d\n"，k，a，b）；

A．1，0，4　　B．1，0，3　　C．0，0，3　　D．0，0，4

12．下列程序的输出结果是（　　）。

char *p1="abcd"， *p2="ABCD"， str[50]="xyz"；

strcpy（str+2，strcat（p1+2，p2+1））；

printf（"%s"，str）；

A．xyabcAB　　B．abcABz　　C．ABabcz　　D．xycdBCD

13．执行下面的程序后，a 的值是（　　）。

#define SQR（X） X*X

main（ ）

{ int a=10，k=2，m=1；

a/=SQR（k+m）/SQR（k+m）；

printf（"%d\n"，a）；}

A．10　　B．1　　C．9　　D．0

14．设A为存放（短）整型的一维数组，如果A的首地址为P，那么A中第i 个元素的地址为（　　）。

A．P+i*2　　B．P+（i-1）*2　　C．P+（i-1）　　D．P+i

15．下列程序执行后输出的结果是（　　）。

```
int d=1;
fun （int p）
{ int d=5;
d + =p + +;
printf（"%d，"，d）； }
main（ ）
{ int a=3;
fun（a）;
d + = a + +;
printf（"%d\n"，d）； }
```

A．8，4　　B．9，6　　C．9，4　　D．8，5

16．表达式：10！=9 的值是（　　）。

A．true　B．非零值　C．0　D．1

17．若有说明：int i，j=7，*p=&i；则与 i=j；等价的语句是（　　）。

A．i= *p;　　B．*p=*&j;　　C．i=&j;　　D．i=* *p;

18．不能把字符串：Hello！赋给数组 b 的语句是（　　）。

A．char b[10]={'H'，'e'，'l'，'l'，'o'，'！'};

B．char b[10];　b="Hello！";

C．char b[10];　strcpy（b，"Hello！"）;

D．char b[10]="Hello！";

19．在C程序中有如下语句：char *func（int x，int y）;　它是（　　）。

A．对函数 func 的定义　　B．对函数 func 的调用。

C．对函数 func 的原型说明　　D．不合法的。

20．以下程序的输出结果是（　　）。

```
char str[15]="hello！";
printf（"%d\n"，strlen（str））;
```

A．15　　B．14　　C．7　　D．6

三、阅读程序题

1．int x=6，y=7;

```
printf（"%d，"，x++）; printf（"%d\n"，++y）;
```

程序的输出结果是______.

2．float f=3.1415927;

```
printf（"%f，%5.4f，%3.3f"，f，f，f）;
```

则程序的输出结果是______.

3．a=3；

```
a+=（a<1）a：1； printf（"%d"，a）；
```

结果是______.

4．main（ ）

```
{ int a[5]={2，4，6，8，10}，*P，* *k；
p=a；  k=&p；
printf（"%d，"，*（p++））；
printf（"%d\n"，* *k）；}
```

程序的输出结果是______.

5．main（）

```
{int a，b；
for （a=1，b=1；a<=100；a++）
{ if（b>=20） break；
if（b%3==1）
{b+=3；continue；}
b-=5；} }
```

程序的输出结果 a 的值为______.

四、程序填空题

1．求主次对角线之和。

```
main（）
{static int a[ ][3]={9，7，5，1，2，4，6，8}；
int I，j，s1=0，s2=0；
for（I=0；I<3；I++）
for（j=0；j<3；j++）
{if（                    ）
s1=s1+a[I][j]；
if（                    ）
s2=s2+a[I][j]；
}
printf（"%d\n%d\n"，s1，s2）；
}
```

2．从键盘上输入 10 个数，求其平均值。

```
main（）
{int i；
float f，sum；
for（i=1，sum=0.0；i<11；i++）
{ ；
；
```

```
}
printf（"average=%f\n"，sum/10）;
}
```

3．以下程序是建立一个名为myfile的文件，并把从键盘输入的字符存入该文件，当键盘上输入结束时关闭该文件。

```
#include
main（）
{
FILE *fp;
char c;
fp=  ;
do
{
c=getchar（）;
fputs（c，fp）;
}while（c! =EOF）;
;  ;
}
```

五、编程题

1．三个整数a、b、c，由键盘输入，输出其中最大的数。
2．从键盘输入的10个整数中，找出第一个能被7整除的数。若找到，打印此数后退出循环；若未找到，打印"not exist"。
3．有一个一维数组，内放10个学生成绩，写一个函数，求出平均分。
4．有N个学生，每个学生的信息包括学号、性别、姓名、四门课的成绩，从键盘上输入N个学生的信息，要求输出总平均成绩最高的学生信息，包括学号、性别、姓名和平均成绩。

模拟试题三

一、单项选择题

1．设 int x=1，y=1；表达式（！x++ ‖ y—）的值是_________。

A．0　　B．1　　C．2　　D．-1

2．main（ ）

{ int n;

（ n=6*4，n+6），n*2;

printf（“n=%d\n”，n);

} 此程序的输出结果是______________。

A．30　　B．24　　C．60　　D．48

3．若有如下定义，则__________是对数组元素的正确的引用。

int a[10] ， *p ；

p=a ； p=a ； p=a ； p=a ；

A．*&a[10]　　B．a[11]　　C．*（p+10）　　D．*p

4．设整型变量 n 的值为 2，执行语句“n+=n-=n*n；”后，n 的值是_________。

A．0　　B．4　　C．–4　　D．2

5．以下不能正确定义二维数组的语句是__________

A . int a[2][2]={{1}，{2}};

B．int a[][2]={1，2，3，4};

C．int a[2][2]={{1}，2，3};

D．int a[2][]={{1，2}，{3，4}};

6．程序段的功能是将变量 u、s 中的最大值赋给变量 t。

A．if（u>s） t=u；t=s;

B．t=u； if（t ） t=s;

C．if（u>s） t=s；else t=u;

D．t=s； if（u ） t=u;

7．下列程序段的输出结果是__________。

void main（）

{ int k;

for （k=1；k<5；k++）

{ if（k%2！=0）

printf（“#”);

else

printf（“*”）； }

}

A．#*#*　　B . *#*#　　C．##　　D．以上都不对

8．设变量定义为 int a[3]={1，4，7}，*p=&a[2]， 则*p 的值是（35）___.

A．&a[2]　　B．4　　C．7　　D.1

9．能正确表示 a 和 b 同时为正或同时为负的逻辑表达式是________.

A．a>=0||b>=0）&&（a<0 ||b<0）　　B．（a>=0 && b>=0）&&（a<0 && b<0）

C．（a+b>0） &&（a+b<=0）　　D．a*b>0

10．C 语言中，合法的字符型常数是__________.

A．'A'　　B．"A"　　C．65　　D．A

11．设有数组定义：char array[]="China"； 则数组所占的空间是__________.

A．4 个字节　　B．5 个字节　　C．6 个字节　　D．7 个字节

12．.若变量 c 为 char 类型，能正确判断出 c 为小写字母的表达式是________.

A．'a'<=c<='z'

B．（c>='a'） || （c<='z'）

C．（'a'<=c） and （'z'>=c）

D．（c>='a'） && （c<='z'）

13．设有定义：long x=-123456L； 则以下能够正确输出变量 x 值的语句是________.

A．printf（"x=%d\n"，x）　　B．printf（"x=%ld\n"，x）

C．printf（"x=▯ l\n"，x）　　D．printf（"x=%LD\n"，x）；

14．下列关于指针定义的描述，____________是错误的。

A．指针是一种变量，该变量用来存放某个变量的地址值的。

B．指针变量的类型与它所指向的变量类型一致。

C．指针变量的命名规则与标识符相同。

D．在定义指针时，标识符前的"*"号表示后面的指针变量所指向的内容。

15．已知：int x；int y[10]；下列______是合法的。

A．&x　　B．&（x+3）　　C．&5　　D .&y

16．指出下面正确的输入语句___________.

A．scanf（"a=b=%d"，&a，&b）；

B．scanf（"%d，%d"，&a，&b）；

C．scanf（"%c"，c）；

D．scanf（"% f%d\n"，&f）；

17．C 语言中以追加方式打开一个文件应选择______________参数。

A．"r"　　B．"w"　　C．"rb"　　D．"a"

18．Break 语句的正确的用法是（　　）。

A．无论在任何情况下，都中断程序的执行，退出到系统下一层。

B．在多重循环中，只能退出最靠近的那一层循环语句。

C．跳出多重循环。

D．只能修改控制变量。

19．为表示关系 x≥y≥z，应使用 C 语言表达式

A．（x>=y）&&（y>=z）　　B．（x>=y） AND （y>=z）

C．（x>=y>=z）　　D．（x>=z）&（y>=z）

C语言程序设计教程

20．以下可以作为 C 语言合法整数的是________.

A．1010B　　B．0368　　C．0Xffa　　D．x2a2

21．在函数中默认存储类型说明符的变量应该是________存储类型。

A．内部静态　　B．外部　　C．自动　　D．寄存器

二、判断题

1．C 语言源程序文件通过了编译、连接之后，生成一个后缀为 .EXE 的文件。（　）

2．在 C 程序中，函数既可以嵌套定义，也可以嵌套调用。（　）

3．在 C 程序中，APH 和 aph 代表不同的变量。（　）

4．表达式 0195 是一个八进制整数。（　）

5．表达式_ya 是不合法的 C 语言标识符。（　）

6．C 程序总是从 main（ ）函数的第一条语句开始执行的。（　）

7．A-=7 等价于 a=a-7.　（　）

8．利用 fclose 函数关闭已打开的文件。（　）

9．数组名可以作为参数进行传递。（　）

10．执行 printf（"%x"，12345）；输出 12345 .　（　）

三、填空

1．C 语言的预处理语句以________开头。

2．表达式 7+8>2 && 25 %5 的结果是________________.

3．下列程序段是从键盘输入的字符中统计数字字符的个数，用换行符结束循环。

```
int  n=0,  ch;
ch=getchar ( );
while ( ________________ )
{ if ( ________________ )  n++;
c=getchar ( );             }
```

4．C 语言中 putchar（c ） 函数的功能是________________________________.

5．int *p 的含义是____.

6．定义 fp 为文件型指针变量的定义方法为____________________.

7．数组 int a[3][4]；共定义了____________个数组元素。

四、读出程序

1．改正下列程序中不正确的语句。

```
main ()
{ int a=8 ,  b=1;
a=a+b;
b=a*b;
printf ("%d,  %d", a,  b);   }
```

2．写出下列程序的运行结果。

```
fun（int a，  int b）
{ if（a>b） return （a）;
Else return （b）;  }
main（）
{ int x=3，y=8，z=6，r;
r=fun（fun（x，y），2*z）;
printf（“%d\n”，r）;  }
```

3．改正下列程序中不正确的语句。

```
main（）
{ int n ;
float s=1.0;
for（n=10; n>1; n- -）
s=s+1/n;
printf（“%6.1f\n”，s）;  }
```

4．写出下列程序的运行结果。

```
main（）
{ int n;
For（n=3;  n<=10;  n++）
{ if（n%5= =0） break;
Printf（“%d”，n）;  }      }
```

5．写出下列程序的运行结果。

```
#include “stdio.h”
main（）
{ int a[]={1，2，3，-4，5};
int m，n，*p;
p=&a[0];  p=&a[0];
m=*（p+2）;
n=*（p+4）;
printf（“%d  %d  %d ”，*p，m，n）;  }
```

五、编程序

1．编程计算下列表达式：s=1！+2！+3！+4！+…+10！

2．从键盘上输入 a 与 n 的值，计算 sum=a+aa+aaa+aaaa+…（共 n 项）的和。例 a=2，n=4，则 sum=2+22+222+2222。

3．求 3×3 矩阵的主对角线元素之和。

4．从键盘上输入 10 个数存入一维数组中，求这 10 数中的最大值与最小值并输出。

5．从键盘上输入若干个字符存入文件 write.txt 中，遇到回车键输入结束。（用“\n”表示回车键）

模拟试题四

一、单项选择题

1．运算符__________的优先级最高。

A．[ ]　　B．+=　　C．:　　D．++

2．main（ ）

{ int n;（ n=6*4，n+6），n*2；printf（“n=%d\n”，n）；}

此程序的输出结果是______________.

A．30　　B．24　　C．60　　D．48

3．若有如下定义，则__________是对数组元素的正确的引用。

int a[10] ，*p ； p=a ；

A．*&a[10]　　B．a[11]　　C．*（p+11）　　D．*p *p *p

4．设整型变量 n 的值为 2，执行语句“n+=n-=n*n；”后，n 的值是__________.

A．0　　B．4　　C．–4　　D．2

5．各种基本数据类型的存储空间正确的长度排列为__________.

A．Char<LONG<INT<FLOAT<DOUBLE

B．Double<float<long<int<char< P>

C．Char<INT<LONG<FLOAT<DOUBLE   P

D．Float<int<long<char<double<>

6．下面的变量说明中______________是正确的。

A．char：a，b，c；　　B．char a； b； c；

C．char a， b， c；　　D．char a， b， c

7．表达式 y=（13>12？15：6>7？8：9）的值为____________.

A 9　　B 8　　C 15　　D．1

8．若 x=5，y=3 则 y*=x+5； y 的值为______________.

A．10　　B．20　　C．15　　D．30

9．能正确表示 a 和 b 同时为正或同时为负的逻辑表达式是_________.

A．a>=0||b>=0）&&（a<0 ||b<0）　　B．（a>=0 && b>=0）&&（a<0 && b<0）

C．（a+b>0） &&（a+b<=0）　　D．a*b>0

10．C 语言中，合法的字符型常数是_________.

A．‘A’　　B．“A”　　C．65　　D．A

11．已有定义 int x=3， y=4， z=5；则表达式“!（x+y）+z-1&&y+z/2”的值是_____.

A．6　　B．0　　C．2　　D．1

12. 若变量 c 为 char 类型，能正确判断出 c 为小写字母的表达式是______.

A. ‘a’<=c<=‘z’
B. （c>=‘a’） || （c<=‘z’）
C. （‘a’<=c） and （‘z’>=c）
D. （c>=‘a’） && （c<=‘z’）

13. 设有定义：long x=-123456L； 则以下能够正确输出变量 x 值的语句是________.

A. printf（“x=%d\n”，x）
B. printf（“x=%ld\n”，x）
C. printf（“x=▯ l\n”，x）
D. printf（“x=%D\n”，x）;

14. 从循环体内某一层跳出，继续执行循环外的语句是：___________.

A. break 语句　　B. return 语句　　C. continue 语句　　D. 空语句。

15. C 语言用_______表示逻辑“真”值。

A. true　　B. t 或 y　　C. 非零整型值　　D. 整型值 0

16. 为了避免嵌套的条件分支语句 if—else 的二义性，C 语言规定：C 程序中的 else 总是与______组成配对关系。

A. 缩排位置相同的 if
B. 在其之前未配对的 if
C. 在其之前未配对的最近的 if
D. 同一行上的 if

17. 在函数中默认存储类型说明符的变量应该是________存储类型。

A. 内部静态　　B. 外部　　C. 自动　　D. 寄存器

18. C 语言中以只读方式打开一个文件应选择______________参数。

A. “r”　　B. “w”　　C. “rb”　　D. “a”

19. 设有数组定义：char array[]=“student”；则数组所占的存储空间为__________.

A. 6 个字节　　B. 7 个字节　　C. 8 个字节　　D. 9 个字节

20. 根据 C 语言的语法规则，下列________个是不合法标识符。

A. do　　B. Name　　C. R5　　D. _exam

二、判断题

1. C 语言源程序文件通过了编译、连接之后，生成一个后缀为 .EXE 的文件。 （ ）
2. 在 C 程序中，函数既可以嵌套定义，也可以嵌套调用。 （ ）
3. 在 C 程序中，APH 和 aph 代表不同的变量。 （ ）
4. 表达式 0195 是一个八进制整数。 （ ）
5. Continue 语句的作用是结束本次循环。 （ ）
6. Extern 变量的生命期是整个程序执行期。 （ ）
7. C 语言中字符串的结束符是‘\0’。 （ ）
8. 利用 fclose 函数关闭已打开的文件。 （ ）。
9. C 程序总是从 main（ ）函数的第一条语句开始执行的。 （ ）
10. 数组名代表数组的首地址。 （ ）

三、填空

1. C 语言的预处理语句以__________开头。
2. 表达式 7+10>2 && 25 %5 的结果是________________________.
3. 下列程序段是从键盘输入的字符中统计数字字符的个数，用换行符结束循环。

Int n=0， ch； Ch=getchar（）；

While（ ______________ ）

{ if （ ______________ ） n++； c=getchar（）； }

4．C 语言中 getchar（） 函数的功能是__________.

5．int *p 的含义是________________.

6．定义 fp 为文件型指针变量的定义方法为__________.

7．数组 int a[3][3]；共定义了__________个数组元素。

四、读程序

1．改正下列程序中不正确的语句。

```
main（ ）
{ int  a;
scanf（"%d"， a)；   if （a = 1）   printf（"One\n"） ；     }
```

2．写出下列程序的运行结果。

```
fun（int a， int b）
{ if（a>b） return （a）；
Else  return  （b）；  }
main（）
{ int x=3，y=8，z=6，r；
r=fun（fun（x，y），2*z）；   printf（"%d\n"，r）；  }
```

3．改正下列程序中不正确的语句。

```
main（）
{ int n ；
float s=1.0；
for（n=10；n>1；n- -）
s=s+1/n；
printf（"%6.1f\n"，s）；  }
```

4．写出下列程序的运行结果。

```
main（）
{ int n；
For（n=3； n<=10； n++）
{ if（n%6= =0） break；  Printf（"%d"，n）；  }   }
```

5．写出下列程序的运行结果。

```
#include "stdio.h"
Main（）
{ int a[]={1，2，3，-4，5}；
int m，n，*p；    p=&a[0]；    m=*（p+1）；    n=*（p+4）；
printf（"%d  %d  %d "，*p，m，n）；   }
```

五、编程

1．编程计算下列表达式：s=n！（n 从键盘上输入）。

2．输出 1～100 之间不能被 12 整除的数。

3．从键盘上输出 10 个整数存入一维数组中，按由大到小的顺序输出。

4．从键盘上输入 9 个数，按 3 行 3 列的格式输出。

5．编程将文件 read.txt 中的字符读出显示到屏幕上。

模拟试题五

一、填空

1．实型变量的类型说明符有：__________、___________.

2．表达式 7+8>2 && 25 %5 的结果是____________________.

3．下列程序段是从键盘输入的字符中统计数字字符的个数，用换行符结束循环。

```
Int  n=0， ch;
Ch=getchar（ ）;
While（ __________________ ））））
{ if （ ________________ ） n++;
```

4．putchar（c ） 函数的功能是是是________________________________.

5．int *p 的含义是是是是_____________________________________.

6．C 语言中数组的下标下限为_______________________.

7．定义 fp 为文件型指针变量的定义方法为____________________.

8．数组 int a[3][4]；共定义了__________个数组元素。

二、单项选择题

1．下列属于整型常量的是_______.

A．12　　B．12.0　　C．-12.0　　D．10E10

2．不属于字符型常量的是________.

A．'A'　　B．'a'　　C．"A"　　D．'b'

3．下列表达式为关系表达式的为________.（其中 a 为一整型变量）

A．3+4*5　　B．a==10　　C．a>0？a：-a　　D．a=1

4．下面不正确的赋值语句是___________.

A．a=a+1　　B．a= =b　　C．a+=b　　D．a=1

5．下列对数组定义不正确的语句是___________.

A．int m[5];　　B．char b[]={'h'，'e'}；

C．int a[10]={1，6，8，4}；　　D．char p[];

6．若有以下定义，则_____和_____是对数组元素的正确引用。

int a[5]，*p=a

A．*&a[6]　　B．*p+8　　C．*（a+2）　　D．*p

7．执行下列语句后，a 的值是_____.

int a=8;

a+=a-=a*a;

A．-240　　B．64　　C．112　　D．-112

8．指出下面正确的输入语句（ ）。

A．scanf（“a=b=%d”，&a，&b）；　　B．scanf（“%d，%d”，&a，&b）；

C．scanf（“%c”，c）；　　D．scanf（“%f\n”，&f）；

9．下面的变量说明中正确的是____________.

A．int：a，b，c;　　B．int a；b；c;

C．int a，b，c　　D．int a，b，c;

10．C 语言用（ ）表示逻辑“真”值。

A．True　B．t 或 y　C．非零整型值　D．整型值 0

11．若 x=5，y=4 则 y*=x+5；y 的值为（ ）。

A．40　　B．20　　C．15　　D．30

13．C 语言中以追加方式打开一个文件应选择______________参数。

A．“r”　　B．“w”　　C．“rb”　　D．“a”

14．Break 语句的正确的用法是（ ）。

A．无论在任何情况下，都中断程序的执行，退出到系统下一层。

B．在多重循环中，只能退出最靠近的那一层循环语句。

C．跳出多重循环。

D．只能修改控制变量。

15．两个指针变量的值相等时，表明两个指针变量是_______________.

A．占据同一内存单元。　　B．指向同一内存单元地址或者都为空。

C．是两个空指针。　　D．都没有指向。

16．字符串指针变量中存入的是_______________.

A．字符串的首地址。　　B．字符串

C．第一个字符　　D．字符串变量。

17．以______________个是不正确的描述。

A．不论在主函数还是自定义函数中，只要说明了变量，就可为其分配存储单元

B．在定义函数时，必须指定形参的类型。

C．形参和实参之间可以是值传递。

D．数组名可以作为参数进行传递。

18．表达式“1？（0？3：2）：（10？1：0）”的值为____________________.

A．3　　B．2　　C．1　　D．0

19．为表示关系 x≥y≥z，应使用 C 语言表达式

A．（x>=y）&&（y>=z）　　B．（x>=y） AND （y>=z）

C．（x>=y>=z）　　D．（x>=z）&（y>=z）

20．以下说法中正确的是_____________.

A．C 语言程序总是从第一个定义的函数开始执行。

B．在 C 语言程序中，要调用的函数必须有 main（ ）函数中定义。

C．C 语言程序总是从 main（ ）函数开始执行。

C语言程序设计教程

D．C 语言程序中的 main（ ）函数必须放在程序的开始部分。

21．设有数组定义：char array[]="China"；则数组所占的存储空间为________．

A．4 个字节　　B．5 个字节　　C．6 个字节　　D．7 个字节

22．根据 C 语言的语法规则，下列________个是不合法标识符。

A．While　　B．Name　　C．Rern5　　D．_exam

三、读出下列程序，写出程序的运行结果

1．main（）

```
{ int a=8 ,  b=1;
a=a+b;
b=a*b;
printf ("a=%d, b=%d", a, b);  }
```

该程序的运行结果是________________________．

2．main（）

```
{ int i, num[5];
for (i=0; i<5; i++)
num[i]=i*10 - 2;
printf ("%d", num[3]);    }
```

该程序的运行结果是________________________．

3．main（）

```
{ float c, f;
c=30.0;
f= (6*c) /5+32;
printf ("f=%f", f);    }
```

该程序的运行结果是________________________．

4．main（）

```
{ int a=6095 , b ;
b=a┼00 ;
printf ("%d",  b)  ;      }
```

该程序的运行结果是________________________．

5．# include "stdio.h"

```
main ( )
{ int a[]={8, 2, 9, 4, 1},   *p;
p=a;
* (p+2) +=2;
printf ("%d,  %d ",  *p,  * (p+2)); }
```

该程序的运行结果是________________________．

四、将下列程序中不正确的语句改正

1．main（ ）

```
{  int k ;
k=35555 ;
printf （ “%d ”,   k） ;      }
```

2．main （ ）

```
{  int  a ，  b ;
scanf （ “input a ，b：”，a ，  b );
printf （“a=%d,   b=%d”，a，b);         }
```

3．main（ ）

```
{ int sum ，   k ;
sum=0 ;
k= 1 ;
while  （k < =100 ）
sum = sum+k ;
k + + ;
printf （“ sum=%d\n”,   sum） ;        }
```

4．main（ ）

```
{  int  k ，  a(8);
for（ k=0;   k<10 ;   k++）
scanf（“%d”,    &a（k））;
……   }
```

5．main（ ）

```
scanf（“%d”,   a);
if （a = 1）
printf（“One\n”）; }
```

五、编程题题

1．用程序计算下列表达式：s=1！+2！+3！+4！

2．从键盘上输入三个数，求出其中最大的一个数。

3．输入两个整数，调用函数 stu（ ）求两个数差的平方，返回主函数显示结果……

4．从键盘上输入 10 个评委的分数，去掉一个最高分，去掉一个最低分，求出其余 8 个人的平均分，输出平均分，最高分，最低分。

5．write.txt 中，遇到回车键输入结束……（用“\n”表示回车键）

模拟试题六

一、单项选择题

1．各种基本数据类型的存储空间正确的长度排列为__________.

A．Char<LONG<INT<FLOAT<DOUBLE

B．Double <float<long<int<char< P>

C．Char<INT<LONG<FLOAT<DOUBLE   P

D．Float <int<long<char<double<>

2．下面的变量说明中_____________是正确的。

A．Char：a，b，c;　　B．Char a；b；c;

C．Char a，b，c;　　D．Char a，b，c

3．main（ ）

{ int n;

（ n=6*4，n+6），n*2;

printf（"n=%d\n"，n);

} 此程序的输出结果是______________.

A．30　　B．24　　C．60　　D．48

4．若有如下定义，则__________和_________是对数组元素的正确引用。

int a[10] ，*p ;

p=a ;

A．*&a[10]　　B．a[11]　　C．*（p+2）　　D．*p

5．设整型变量 n 的值为 2，执行语句"n+=n-=n*n；"后，n 的值是__________

A．0　　B．4　　C．- 4　　D．2

6．表达式 y=（13>12？15：6>7？8：9）的值为___________.

A．9　　B．8　　C．15　　D．1

7．若 x=5，y=3 则 y*=x+5； y 的值为_____________.

A．10　　B．20　　C．15　　D．30

8．C 语言的输入与输出操作是由____________完成的。

A．输入语句　　B．输出语句

C．输入与输出函数　　D．输入与输出语句

9．语句 for（k=0；k<5；++k）

{ if（k= = 3） continue;

printf（"%d"，k);

}的输出结果为__________.

A．012　　B．0124　　C．01234　　D．没有输出结果

10．从循环体内某一层跳出，继续执行循环外的语句是：__________.

A．break 语句　　B．return 语句

C．continue 语句　　D．空语句

11．Break 语句的正确用法是__________.

A．无论在任何情况下，都中断程序的执行，退出到系统下一层。

B．在多重循环中，只能退出最靠近的那一层循环语句。

C．.跳出多重循环。

D．只能修改控制变量。

12．两个指针变量的值相等时，表明两个指针变量是__________.

A．占据同一内存单元。　　B．指向同一内存单元地址或者都为空。

C．是两个空指针。　　D．都没有指向。

13．不正确的指针概念是__________.

A．一个指针变量只能指向同一类型的变量。

B．一个变量的地址称为该变量的指针。

C．只有同一类型变量的地址才能存放在指向该类型变量的指针变量之中。

D．指针变量可以赋任意整数，但不能赋浮点数。

14．设 char ch='A'；表达式 ch！（ch>='A'&&ch<='Z'）？ch：（ch+32）的值是__________.

A．A　　B．a　　C．Z　　D．z

15．根据 C 语言的语法规则，下列__________个是不合法标识符。

A．While　　B．Name　　C．Rern5　　D．_exam

16．设单精度变量 f，g 均为 5.0，使 f 为 10.0 的表达式是__________.

A．f+=g　　B．f-=g+5　　C．f*=g-15　　D．f / =g*10

17．设整型变量 n 的值为 2，执行语句"n+=n- =n*n ；"后，n 的值是__________.

A．0　　B．4　　C．–4　　D．2

18．下列不是赋值语句的是__________.

A．A++　　B．a=　=b　　C．a+=b　　D．a=1

19．为表示关系 x≥y≥z，应使用 C 语言表达式__________

A．（x>=y）&&（y>=z）　　B．（x>=y）　AND　（y>=z）

C．（x>=y>=z）　　D．（x>=z）&（y>=z）

20．设有数组定义：char array[]="China"；则数组所占的存储空间为__________.

A．4 个字节　　B．5 个字节　　C．6 个字节　　D．7 个字节

二、写出下列程序的运行结果

1．main　（ ）

```
{ int x=10，y=10;
printf（"%d  %d\n"，x——，——y）;    }
```

该程序的运行结果是__________.

2．main（ ）

```
{ int j ,  k ,  p,  s;
s=0 ;
for （j=1;  j<=3;  j++）
{ p=1;
for（k=1;  k<=j;  k++）
p=p*k;
s=s+p;
}
printf（“s=%d\n”, s）;        }
```

该程序的运行结果是________。

3．# include “stdio.h”

```
main（ ）
{ int a[]={1, 2, 3, 4, 5},  *p;
p=a;
*（p+2）+=2;
printf（“%d,  %d ”, *p, *（p+2））;  }
```

该程序的运行结果是________。

4．main（ ）

```
{  int a[]={2, 4, 6, 8, 10};
int y=1, x, *p;
p=&a[1];
for（x=0; x<3; x++）
y + =*（p+x）;
printf（“%d\n”, y）;  }
```

该程序的运行结果是________。

5．main（）

```
{  int a[5], k;
for（k=0; k<5; k++）
a[k]=10*k ;
printf（“%d”,  a[k-1]）;  }
```

该程序的运行结果是________。

三、判断题

1．函数一般由函数的说明部分和函数体部分组成。 （ ）

2．C 语言中数据类型只有整型、实型和字符型。 （ ）

3．数组的下标从 1 开始。 （ ）

4．假设有 int a[10], *p; 则 P=&a[0]与 p=a 等价。 （ ）

5．getchar（）函数的功能是从键盘上输入一个字符串。 （ ）

6．在C语言中定义一个文件指针的方法为：FILE *fp； （ ）

7．构成数组的各个元素可以有不同的数据类型。 （ ）

8．C语言的数据类型只有int 型和 float 型。 （ ）

9．从循环体中退出只能使用goto语句。 （ ）

10．Continue语句的作用是继续程序中的下一个循环。 （ ）

四、编程题

1．从键盘上输入20个元素的值存入一维数组a中，然后将下标为（1、3、5、7、9……）的元素值赋值给数组b，输出数组b的内容。

2．编程序求 3，-30，20，6，77，2，0，-4，-7，99这十个数中最大值与最小值。

3．输入两个整数，调用函数stu（ ）求两个数和的立方，返回主函数显示结果。

4．将文件file1.txt中的内容读出并显示到屏幕上。

5．编程计算1～100之间的奇数和与偶数和。

模拟试题七

一、填空题

1. 在C语言程序设计中，正确的标识符是由___组成的。
2. 设x=4，y=（++x）+（++x）；那么y的值为_____，表达式执行后，变量x的值为_______.
3. 一个变量的指针是指___________.
4. 能够构成一个数组，其元素满足的特点是_________；
   那么，构成结构体的成员可以是___________.
5. 下面运算符 < % ++ = 按照优先级从高到低排列顺序为______________.
6. C程序设计中语句后的符号 /*……*/ 所起作用是______________.
7. 写出下面表达式的值

   3*5/7+7%3________________ x=2 ；y=4；（x++）+y _____________________

   3+4>=7-10_________________ 3>4 ？ 3%2：1 __________________

   x=2，y=2；++x||++y___________ x=3 ； x+=x-=2 ____________________

二、选择题

1. 在使用TurboC2.0环境编辑程序时，运行某程序使用的菜单项为（ ）

   A．FILE　　B．RUN　　C．EDIT　　D．OPTION
2. 下列语句不具有赋值功能的是（ ）

   A．a*=b　　B．x=1　　C．a+b　　D．a++
3. C语言程序中，当出现条件分支语句if~else时， else与（ ）组成配对关系

   A．同一复合语句内部的if　　B．在其之前任意的if

   C．在其之前未配对的最近的if　　D．首行位置相同的if
4. 下列数组定义方式不正确的语句是（ ）

   A．char x[5];

   B．char y[]={'h'，'e'，'l'，'l'，'o'}；

   C．int x[10]={12，13，14，15}；

   D．int y[];
5. 若有如下定义和语句，且0<=i<5，下面（ ）是对数值为3数组元素的引用

   int a[]={1，2，3，4，5}，*p，i;

   p=a;

   A．*（a+2）　　B．a[p-3]　　C．p+2　　D．a+3
6. 下列（ ）表达式的值为真

a=5；　b=8；　c=10；　d=0

A．a*2>8+2　　B．a&&d　　C．（a*2-c）||d　　D．a-b<C*D< P>

7．下列字符数组长度为5的是（　　）

A．char　a[]={'h'，'a'，'b'，'c'，'d'}；

B．char　b[]= {'h'，'a'，'b'，'c'，'d'，'\0'}；

C．char　c[10]= {'h'，'a'，'b'，'c'，'d'}；

D．char　d[6]= {'h'，'a'，'b'，'c'，'\0'}

8．执行下列程序后，其结果为（　　）

int　a[]={2，4，6，8，10，12}；　*p；

p=a；

*（p+4）=2；

printf（"%d，%d\n"，*p，*（p+4））；

A．0，10　　B．0，2　　C．2，10　　D．2，2

9．有下列结构体，对该结构体变量stu的成员项引用不正确的是（　）

struct　student

{　int　m；

float　n；

} stu ，*p；

A．stu.n　　B．p->m　　C．（*p）。m　　D．p.stu.n

10．下列函数中不能用于对文件进行输入输出操作的是（　　）

A．fscanf（ ）　　B．printf（ ）　　C．fgetc（ ）　　D．fputs（ ）

三、判断题

1．C语言程序设计可以对计算机硬件进行操作。　（　）

2．在循环过程中，使用break语句和continue语句的作用是一样的。（　）

3．在函数的定义和调用过程中，形式参数和实在参数数目可以不一致。（　）

4．对于某一指针变量可以接收任何类型的值。（　）

5．在C语言程序设计中，不同类型的数在计算机内存中所占空间是不同的。（　）

6．文件指针是结构体类型，可以用表示file来定义。（　）

7．选择结构不可以使用嵌套形式，但是循环结构可以使用嵌套形式。（　）

8．在定义数组时，有时可以将该数组的维数省略。（　）

9．运算符&& +*的优先级是 * 优先于 + 优先于&&。（　）

10．任何数组都可以实现对其进行整体操作。（　）

三、程序填空题

1．下面是实现输出九九乘法表的程序，在画线的位置填上适当的语句，使该程序完整。

main（）

{ int i ， j ， k；

for（i=1；__________；　i++）

C语言程序设计教程

{bsp；　{

for（________；　j<=i　；　j++）

printf（"%d*%d=%d"，______________）；

printf（________________）；

}

}

2．设计一个自定义函数，实现如下功能：求两个数的平方和，并且返回该和。

自定义函数如下：

int　max（x，y）

{

}

3．设有如下面的结构体，请用C语言的语句定义出正确的结构体形式：

学生信息：包括（姓名，性别，年龄，分数：根据合适情况选择各项类型）

struct　student

{

}

4．根据给出的程序段，请写出正确的结果

x=1　；　p=1　，　sum=0　；

for　（x=1　；　x<=5　；　x++）

{ p=p*x；

sum=sum+p　；　　　　　}

上面的程序段实现的功能是计算下面的式子______________________________；

其运行结果为____.

四、阅读程序，写出下列程序段的结果

1．int *p，i；

i=100；

p=&i；

i=*p+10；

执行完上面的语句段后，i的值是 ______

2．int A，B，C，m=1，n=0；

A=（——m=n++）？- -m：++n；

B=++m；

C=n——；

执行完上面的语句段后，A的值为_____；B的值为_____；C的值为_________.

3．main（）

{　int　c1=10，c2=10；

printf（"c1=%d，c2=%d \n c1=%d"，++c1，c2++，c1——）；

}

该程序的运行结果是______________________________.

4．main（）

```
{  int i;
for（i=3；i<10；i++）
{   if（i%4==0）
continue;
else
printf（"%d，"，i）；
}                          }
```

该程序输出的结果是______________________________

5．main（）

```
{  int x;
x=3;
do
{  printf（"%d"，x——）；
}while（！x）；            }
```

该程序运行的结果是______________________________

五、编程题

1．编程实现：从键盘上接收10个整数，并对其进行排序（要求排成升序）。

2．编程实现将文本文件file1.dat中的内容复制到文本文件file2.dat中去，同时将小写字母转换成大写字母。

模拟试题八

一、选择题

1．一个C语言程序是由（　　）构成。

A．语句　　B．行号　　C．数据　　D．函数

2．下面标识符中正确的是（　　）。

A．a#bc　　B．123ABC　　C．sime　　D．Y·M·D

3．在C语言中，存储一个整型、字符型、双精度实型变量所需的字节数是（　　）。

A．2、1、8　　B．4、1、4

C．4、1、4　　D．2、2、8

4．为了避免嵌套的条件分支语句if—else中的else总是与（　　）组成成对关系。

A．缩排位置相同的　　B．在其之前未配对的

C．在其之前未配对的最近的if　　D．在同一行上的if

5．下列表达式的结果正确的是（　　）。

```
int  a，b，c，d;
a=b=c=d=2;
d=a+1==3？b=a+2：a+3
```

A．2　　B．4　　C．3　　D．5

二、填空题

1．在C语言中，正确的标识符是由_________组成的，且由_______开头的。

2．设x=3，那么表达式y=（++x）+（++x）的结果为_____，表达式执行后，变量x的结果为_____.

3．一个变量的指针是指__________________.

4．组成数组元素的特点是_________________;

组成结构体元素的特点是___________________.

5．在C语言程序中，对文件进行操作首先要_______________；然后对文件进行操作，最后要对文件实行_____操作，防止文件中信息的丢失。

6．对字符串进行操作的函数有______________等。

7．C语言程序是由___________构成的，而C语言的函数是由______构成的。

8．要想定义整型变量a，实型变量b，字符型的变量c，应该使用的正确语句为______.

9．写出下面表达式的值

3*5/7+7%3_____　　x=2；y=4;　（x++）+y _______

3+4>=7-10______　　3>4 ？ 3%2：1　______

x=2，y=2；++x&&++y________ x=3 ； x+=x-=2 ________

三、判断题

1．C 语言的一个特点是可以对计算机硬件进行操作 （ ）

2．在循环过程中，使用 break 语句和 continue 语句的作用是一样的 （ ）

3．在函数的定义和调用过程中，形式参数和实在参数数目可以不一致 （ ）

4．指针变量可以接收任何类型的值 （ ）

5．在 C 语言程序设计中，字符数组和字符串不是完全一样的概念 （ ）

6．文件指针是结构体类型，用符号 file 来表示 （ ）

7．选择结构（if 语句）和循环结构都可以使用嵌套形式 （ ）

8．在定义二维数组时，可以将该数组的两个维数全部省略 （ ）

9．逻辑运算符&&||！的运算顺序是！优先于&&优先于|| （ ）

10．任何数组都可以实现整体使用操作 （ ）

四、程序填空题

1．下面是实现打印九九乘法表的程序，请在画线的位置填上适当的语句，使程序（段）完整。

```
main（）
{ int i ， j ， k;
for（i=1；______________； i++）
{ for（j=1；______________； j++）
printf（"%d*%d=%d"，______________）；
printf（______________）；
}
}
```

2．自己设计一个自定义函数，实现求两个数的最大数的功能，自定义函数如下：

```
int max（x，y）
int x ， y ；
{
}
```

3．设有如下面的结构体，请用 C 语言的语句定义出正确的结构体形式：

学生信息：包括（姓名，性别，年龄，分数），并且定义变量 stud 和数组 stud1[30]

```
struct student
{
}
```

4．根据给出的程序段，请写出正确的结果

```
x=1 ； sum=1 ；
for （x=1 ； x<=5 ； x++）
sum=sum*x;
```

上面的程序段实现的功能是：____；

其运行结果为＿＿＿＿＿＿＿＿＿＿＿＿＿＿＿＿＿＿＿＿＿＿＿＿＿＿＿＿＿＿＿＿＿.

5．设有如下的语句。

```
int    a=43，b，c；
b=23；
c=a++ * ——b；
```

（1）上面的语句段执行后 a=　　　b=　　　c=　　　；

（2）简述 a++和++a 的相同点和不同点：

6．设有如下的程序：

```
main（ ）
{ int i=3，*p1；
int a[3]={15，30，45}，*p2;
p1=&i;   p2=a;
p1=p2+2;
printf（"%d，%d\n"，*p1，*p2）；
}
```

程序运行结果是：　　　　　　　　　　　　.

五、编程题

1．编程实现对 10 个整数进行冒泡排序（要求排成升序）。

2．编程实现将文本文件 file1.dat 中的内容复制到文本文件 file2.dat 中去

六、附加题

用 C 语言程序实现在已知链表中的第三个位置插入数值为 a 的程序。

模拟试题九

一、选择题

1．一个C语言程序是由（　　）构成。

A．语句　　B．行号　　C．数据　　D．函数

2．下面标识符中正确的是（　　）。

A．d&ef　　B．6a　　C．z4x5c　　D．a3/b4

3．在C语言中，存储一个字符型、整型、单精度实型变量所需的空间是（）。

A．1、2、4　　B．1、1、4　　C．1、2、8　　D．2、2、8

4．为了避免嵌套的条件分支语句 if—else 中的 else 总是与（　　）组成成对关系。

A．缩排位置相同的　　B．在其之前未配对的

C．在其之前未配对的最近的 if　　D．在同一行上的 if

5．下列表达式的结果正确的是（　　　）。

int　aa，bb，cc，dd;

aa=bb=cc=dd=1；sp；　aa=bb=cc=dd=1；sp；　aa=bb=cc=dd=1；

（aa+1==2）？bb=aa+2：aa+3

A．2　　B．3　　C．1　　D．5

6．设有 int x=11 ；则表达式（x+1/3）的值是（　　）。

A．3　　B．4　　C．11　　D．12

7．设有字符串 A=“He has　钱！”，则该字符串的长度为（　　）。

A．9　　B．10　　C．11　　D．8

8．有如下程序段，则正确的执行结果是（　　）

int m=3;

while（m<=5）

{　printf（“%d　”，m-3）；　m++；}

A．0　0　0　　B．0　1　2　　C．1　2　3　　D．无结果

9．执行语句：printf（“%d”，（a=2）&&（b= -2）；后，输出结果是（　　）。

A．无输出　　B．结果不确定　　C．-1　　D．1

10．有如下定义类型语句，若从键盘输入数据，正确的输入语句是（　　）。

int　x；　char　y；　char　z[20];

A．scanf（“%d%c%c”，&x，&y，&z）；

B．scanf（“%d%c%s”，&x，&y，&z）；

C．scanf（“%d%c%c”，&x，&y，z）；

D．scanf（“%d%c%s”，&x，&y，z）；

11．struct ex

{ int x ； float y； char z ； } example;

则下面的叙述中不正确的是（ ）。

A．struct 结构体类型的关键字　　B．example 是结构体类型名

C．x，y，z 都是结构体成员名　　D．struct ex 是结构体类型

12．在 C 语言中对于实型数组，其每个数组元素的类型是（ ）。

A．实型　　B．整型　　C．可以为任何类型　　D．不确定

13．若已定义：int a[9]，*p=a；不能表示 a[1] 地址的表达式是（ ）。

A．p+1　　B．a+1　　C．a++　　D．++p

14．在 TC2.0 环境中，对文件进行保存使用的命令是（ ）。

A．OPEN　　B．SAVE　　C．LOAD　　D．WRITE TO

15．在 C++的类中，用于表示公共类型的关键字是（ ）。

A．class　　B．private　　C．protect　　D．public

二、填空题

1．在 C 语言中，正确的标识符是由__________组成的，且由__________开头的。

2．设 p=30，那么执行 q=（++p）后，表达式的结果 q 为______，变量 p 的结果为________.

若 a 为 int 类型，且其值为 3，则执行完表达式 a+=a-=a*a 后，a 的值是________.

3．一个变量的指针是指____________.

4．在 C 语言程序中，对文件进行操作首先要____________；然后对文件进行操作，最后要对文件实行________操作，防止文件中信息的丢失。

5．以下程序运行后的输出结果是__________.该程序的功能是__________.

```
main（）
{ int  x=10，y=20 ，t=0;
if（x！=y） t=x;  x=y;  y=t;
printf（ " %d，%d\n " ，x，y）；  }
```

6. 若 fp 已正确定义为一个文件指针，d1.dat 为二进制文件，请填空，以便为“读”而打开此文件：fp=fopen（ ）。

7．有以下程序，当输入的数值为 2，3，4 时，输出结果为___________.

```
main（）
{  int x，y，z;
cout  <<  “please input  three number”;
cin >>x>>y>>z;
sum=x*x+y*2+z;
cout<<“sum of number is ： ”<<sum;
}
```

8．有以下程序

```
main（）
{  char c;
while（（c=getchar（））！=′？′）  putchar（ --c ）;   }
```

程序运行时，如果从键盘输入：YDG？N？<回车>，则输出结果为________.

9．在循环中，continue 语句与 break 语句的区别是：________continue 语句是语句的区别是：________continue 语句是________，break 是________.

三、程序填空与算法题

1．下面程序是计算 10 个整数中奇数的和及其偶数的和，请填空。

```
#include
main（）
{  int a，b，c，i;
a=c=0;
for（i=1；i<=10；i++）
{ scanf（"%d"，&b）；canf（"%d"，&b）;
}
printf（"偶数的和=%d\n"，a）;
printf（"奇数的和=%d\n"，c）;  }
```

2．编写一个自定义函数，实现求两个实数的平方和。

3．以下程序运行后的输出结果是_______.

```
main（）
{  char s[ ]="GFEDCBA";
int  p=6;
while（s[p]！='D'）
{   printf（"%c  "，  p）;
p=p-1;    }          }
```

4．定义一个反映学生信息的结构体，包括学生的姓名、性别、年龄、成绩等。

5．以下程序输出的结果是   .

```
int ff（int n）
{  static int f=l;
f=f*n;
return f;     }
main（）
{  int i;
for（i=1；i<=5；i++） printf（"%d\n"，ff（i））;    }
```

6．设有以下程序：

```
main（）
{ int n1，n2;
```

scanf（"%d"，&n2）；
while（n2！=0）
{　n1=n2┼；
n2=n2/10;
printf（"%d　"，n1）；　}　}
程序运行后，如果从键盘上输入1298；则输出结果为________________________.

7．下面程序的功能是：输出 100 以内（不包含 100）能被 3 整除且个位数为 6 的所有整数，请填空。

＃Include＜stdio.h＞
main（）
{　int i，　j;
for（i=1；　__________；　i++）
if　（______________）
printf（"%d"，　j）；　　　}

8．现有一个单链表 Head，如下所示，如果要在元素 B 和 D 之间插入一个字符型元素 C.

所需要的语句为：（如果用到指针，在图中标出指针的位置）

A
B
Head
D
Z
∧
……

四、编程题

1．编程实现求解下面的式子的结果

s=1*2+2*3+3*4+…+20*21

2．编程实现将文本文件 file1.dat 的内容读出来，显示到屏幕上。

模拟试题十

一、单项选择题（共 30 分，每题 1 分）

1．下列不正确的转义字符是（　　）

A．\\　　B．\‘　　C．074　　D．\0

2．不是 C 语言提供的合法关键字是（　　）

A．switch　　B．cher　　C．case　　D．default

3．正确的标识符是（　　）

A．？a　　B．a=2　　C．a.3　　D．a_3

4．下列字符中属于键盘符号的是（　　）

A．\　　B．\n　　C．\t　　D．\b

5．下列数据中属于“字符串常量”的是（　　）

A．ABC　　B．“ABC”　　C．‘ABC’　　D．‘A’

6．char 型常量在内存中存放的是（　　）

A．ASCII 码　　B．BCD 码　　C．内码值　　D．十进制代码值

7．设 a 为 5，执行下列语句后，b 的值不为 2 的是（　　）

A．b=a/2　　B．b=6-（——a）　　C．b=a%2　　D．b=a>3？2：2

8．在以下一组运算符中，优先级最高的运算符是（　　）

A．<=　　B．=　　C．%　　D．&&

9．设整型变量 i 的值为 3，则计算表达式 i——i 后表达式的值是（）

A．0　　B．1　　C．2　　D．表达式出错

10．设整型变量 a，b，c 均为 2，表达式 a+++b+++c++的结果是（　　）

A．6　　B．9　　C．8　　D．表达式出错

11．若已定义 x 和 y 为 double 类型，则表达式 x=1，y=x+3/2 的值是（　　）

A．1　　B．2　　C．2.0　　D．2.5

12．设 a=1，b=2，c=3，d=4，则表达式：a<B？A：C<D？A：D 的结果是（ ）< P>

A．4　　B．3　　C．2　　D．1

13．设 a 为整型变量，不能正确表达数学关系：10<A<15 的 C 语言表达式是（）< P>

A．10<A<15

B．a="=11" || a="=12">

C．a>10&&a<15

D．！（a<=10）&&！（a>=15）

14．若有以下定义：char a、 int b 、 float c 、 double d，则表达式 a*b+d-c 值的类型为（）

C语言程序设计教程

A．float　　B．int　　C．char　　D．double

15．表达式"10！=9"的值是（　　）

A．true　　B．非零值　　C．0　　D．1

16．循环语句 for （x=0，y=0；　（y！=123）|| （x<4）；x++）；的循环执行（　　）

A．无限次　　B．不确定次　　C．4 次　　D．3 次

17．在 C 语言中，下列说法中正确的是（　　）

A．不能使用"do while"的循环

B．"do while"的循环必须使用 break 语句退出循环

C．"do while"的循环中，当条件为非 0 时将结束循环

D．"do while"的循环中，当条件为 0 时将结束循环。

18．设 a，b 为字符型变量，执行 scanf（"a=%c，b=%c"，&a，&b）后使 a 为'A'，b 为'B'，从键盘上的正确输入是（　　）

A．'A' 'B'　　B．'A'，'B'　　C．A=A，B=B　　D．a=A，b=B

19．设 i，j，k 均为 int 型变量，执行完下面的 for 循环后，k 的值为（　　）

for （i=0，j=10；i<=j；i++，j——）k=i+j;

A．10　　B．9　　C．8　　D．7

20．设有定义：char s[12]={"string"}；则 printf （"%d\n"，strlen（s））；的输出是（　　）

A．6　　B．7　　C．11　　D．12

21．合法的数组定义是（）

A．int a[]={"string"}；　　B．int a[5]={0，1，2，3，4，5}；

C．char a={"string"}；　　D．char a[]={0，1，2，3，4，5}

22．函数调用 strcat（strcpy（str1，str2），str3）的功能是（）

A．将字符串 str2 复制到字符串 str1 中后再将字符串 str3 连接到字符串 str1 之后

B．将字符串 str1 复制到字符串 str2 中后再连接到字符串 str3 之后

C．将字符串 str1 复制到字符串 str2 中后再复制到字符串 str3 之后

D．将字符串 str2 连接到字符串 str1 中后再将字符串 str1 复制到字符串 str3 中

23．设有如下定义，则正确的叙述为（　　）

char　x[]={"abcdefg"}；

char　y[]={'a'，'b'，'c'，'d'，'e'，'f'，'g'}；

A．数组 x 和数组 y 等价

B．数组 x 和数组 y 的长度相同

C．数组 x 的长度大于数组 y 的长度

D．数组 x 的长度小于数组 y 的长度

24．设有单精度变量 f，其值为 13.8.执行语句"n=（（int）f）%3；"后，n 的值是（）

A．4　　B．1　　C．4.333333　　D．4.6

25．执行语句"f=（3.0，4.0，5.0），（2.0，1.0，0.0）；"后，单精度变量 f 的值是（　　）

A．3.0　　B．5.0　　C．2.0　　D．0.0

26．设 a、b 均为整型变量，下列表达式中不是赋值表达式的是（　　）

A．a=3，4，5　　B．a=3*2　　C．a=a&&b　　D．a=b=4

27．表达式“1？（0？3：2）：（10？1：0）”的值为（　　）

A．3　　　　B．2　　　　C．1　　　　D．0

28．sizeof（double）的结果值是（　　）

A．8　　　　B．4　　　　C．2　　　　D．出错

29．指出下面正确的输入语句是（　　）

A．scanf （“a=b=%d”，&a，&b）；　　　　B．scanf（“a=%d，b=%f”，&m，&f）；

C．scanf（“<”，c）；　　　　D．scanf（“%5.2f，&f）；

30．若有以下定义和语句，且0<=i<5，则（　　）是对数组元素地址的正确表示

int a[]={1，2，3，4，5}，*p，i；

p=a;

A．&（a+i）　　　　B．&p　　　　C．a++　　　　D．&p[i]

二、填空（20分，每空1分）

1．在内存中存储“A”要占用（　　）个字节，存储‘A’要占用（　　）字节。

2．符号常量的定义方法是（　　）。

3．能表述“20<X<30 或 X<-100”的C语言表达式是（   P ）。

4．结构化程序设计方法规定程序或程序段的结构有三种：顺序结构、（　　）和（　　）。

5．C语言共提供了三种用于实现循环结构的流程控制语句，它们是（　　）、（　　）和（　　）。

6．若在程序中用到“putchar”，应在程序开头写上包含命令（　　），若在程序中用到“strlen（）”函数时，应在程序开头写上包含命令（　　）。

7．设有定义语句“static int a[3][4]={{1}，{2}，{3}}”，则a[1][1]值为（　　），a[2][1]的值为（　　）。

8．“*”称为（　　）运算符，“&”称为（　　）运算符。

9．赋值表达式和赋值语句的区别在于有无（　　）号。

10．用{}把一些语句括起来称为（　　）语句。

11．设a=12、b=24、c=36，对于“scanf （”a=%d，b=%d，c=%d“，&a，&b，&c）；”，输入形式应为（　　）。

12．表达式“sqrt（s*（s-a）*（s-b）*（s-c））；”对应的数学式子为（　　）。

13．C语言编绎系统在判断一个量是否为“真”时，以0代表“假”，以（　　）代表“真”。

三、读程序（30分）

1．
```
main（）
{ int a=10，b=4，c=3;
if （a
if （a
printf（“%d，%d，%d”，a，b，c）；}
```

2．
```
main（ ）
{int  y=9;
for （；y>0；y——）
if （y%3==0） {printf （“%d”，——y）；continue；}
```

C语言程序设计教程

3．main（）

```
{ int x，y；
for （y=1，x=1；y<=50；y++）
{ if （x>=10） break；
if （x%2= =1） { x+=5；continue；}
x-=3；        }
printf （"%d"，y）；}
```

4．main（）

```
{ static int a[][3]={9，7，5，3，1，2，4，6，8}；
int i，j，s1=0，s2=0；  i，j，s1=0，s2=0；
for （i=0；i<3；i++）
for （j=0；j<3；j++）
{ if （i= =j ） s1=s1+a[i][j]；
if （i+j= =2） s2=s2+a[i][j]；
}
printf （"%d\n%d\n"，s1，s2）；}
```

5．main（）

```
{static char a[]={'*'，'*'，'*'，'*'，'*'}；
int i，j，k；
for （i=0；i<5；i++）
{printf （"\n"）；
for （j=0；j< （"%c"，' printf>
for （k=0；k<5；k++） printf （"%c"，a[k]）；     }}
```

6．int fac（int n）

```
{static int f=1；
f=f*n； return（f）；}
main（）
{int i；
for （i=1；i<=5；i++）
printf （"%d！=%d\n"，i，fac（i））；}
```

模拟试题十一

一、单项选择题（共 30 分，每题 1 分）

1. 在 PC 机中，'\n'在内存占用的字节数是（　　）

A. 1　　B. 2　　C. 3　　D. 4

2. 字符串"ABC"在内存占用的字节数是（　　）

A. 3　　B. 4　　C. 6　　D. 8

3. 在 C 语言中，合法的长整型常数是（　　）

A. 0L　　B. 4962710　　C. 0.054838743　　D. 2.1869 e10

4. 执行语句"x=（a=3，b=a—）"后，x，a，b 的值依次是（　　）

A. 3，3，2　　B. 3，2，2　　C. 3，2，3　　D. 2，3，2

5. 设有语句 int a=3；，则执行了语句 a+=a-=a*a 后，变量 a 的值是（　　）

A. 3　　B. 0　　C. 9　　D. -12

6. 设 int k=32767；执行 k=k+1；后 k 值为（　　）

A. 32768　　B. -32768　　C. 0　　D. -1

7. 下列正确的标识符是（　　）

A. hot_do　　B. a+b　　C. test!　　D. %y

8. 设 int a=5，使 b 不为 2 的表达式是（　　）

A. b=6-（—a）　　B. b=a%2　　C. b=a/2　　D. b=a>3？2：1

9. 执行 x=（6*7%8+9）/5；后，x 的值为（　　）

A. 1　　B. 2　　C. 3　　D. 4

10. 执行语句 x=（a=3，b=a—）后，x，a，b 的值依次为（　　）

A. 3，2，3　　B. 2，3，2　　C. 3，3，2　　D. 3，2，2

11. 设 a=-3；执行（a>0）？a：-a；后，a 的值为（　　）

A. 3　　B. 1　　C. 0　　D. -3

12. 设所有变量均为整型，则表达式（a=2，b=5，b++，a+b）的值为（　　）

A. 7　　B. 8　　C. 9　　D. 2

13. 下面正确的字符常量是（　　）

A. "c"　　B. '\\''　　C. 'W'　　D. ''

14. 若有代数式 3ae/bc，则不正确的 c 语言表达式是（　　）

A. a/b/c*e*3　　B. 3*a*e/b/c　　C. 3*a*e/b*c　　D. a*e/c/c*3

15. 在 C 语言中，要求运算数必须是整型的运算符是（　　）

A. /　　B. ++　　C. ! =　　D. %

16. 若有说明语句：char c='\72'；则变量 c （　）

A. 包含 1 个字符　　B. 包含 2 个字符

C. 包含 3 个字符　　D. 说明不合法，c 值不确定

17. sizeof （float）是（　）

A. 一个双精度型表达式　　B. 一个整型表达式

C. 一种函数调用　　D 一个不合法的表达式

18. 设变量 a 是整型，f 是实型，i 是双精度型，则表达式 10+'a'+i*f 值的数据类型是（　）

A. int　　B. folat　　C. double　　D. 不确定

19. 若有定义 int a[10]，*p=a；，则 p+5 表示（　）

A. 元素 a[5]的地址　　B. 元素 a[5]的值

C. 元素 a[6]的地址　　D. 元素 a[6]的值

20. 以下与 int *q[5]；等价的定义语句是（　）

A. int q[5]；　　B. int * q　　C. int （q[5]）　　D. int （*q）[5]

21. 若有定义 int a[5]，*p=a；则对 a 数组元素地址的正确引用是（　）

A. P+5　　B. *a+1　　C. &a+1　　D &a[0]

22. 凡是函数中未指定存储类别的局部变量，其隐含的存储类别是（　）

A. auto　　B. static　　C. extern　　D. register

23. 若用数组名作为函数调用的实参，传递给形参的是（　）

A. 数组的首地址　　B. 数组第一个元素的值

C. 数组中全部元素的值　　D. 数组元素的个数

24. C 语言允许函数值类型缺省定义，此时该函数值隐含的类型是（　）

A. float　　B. int　　C. long　　D. double

25. 以下对二维数组 a 的正确说明是（　）

A. int a[3][]　　B. float a（3，4）　　C. double a[1][4]　　D. float a（3）（4）

26. 若有说明 int a[3][4]；则对 a 数组元素的正确引用是（　）

A. a[2][4]　　B. a[1，3]　　C. a[1+1][0]　　D. a（2）（2）

26. 语句 while（！E）；中的表达式！E 等价于（　）

A. E= =0　　B. E！=1　　C. E！=0　　D. E= =1

27. C 语言中 while 和 do—while 循环的主要区别是（　）

A. do—while 的循环体至少无条件执行一次

B. While 的循环控制条件比 do—while 的循环控制条件严格

C. do—while 允许从外部转到循环体内

D. do—while 循环体不能是复合语句

28. 为了避免在嵌套的条件语句 if—else 中产生二义性，C 语言规定：else 子句总与（　）配对

A. 缩排位置相同的 if　　B. 其之前最近的 if

C. 其之后最近的 if　　D. 同一行上的 if

29. 判断 char 型变量 ch 是否为大写字母的正确表达式是（　）

A. 'A'<=ch<='Z'　　B. （ch>='A'）&（ch<='Z'）

C. （ch>='A'）&&（ch<='Z'）　　D. （'A'<=ch）AND （'Z'>=ch）

30．以下能正确定义整型变量 a、b、c 并为其赋初值 5 的语句是（　）

A．int　a=b=c=5；　　B．int　a，c，　c=5；

C．a=5，b=5，c=5；　　D．a=b=c=5；

二、填空（20 分，每空 1 分）

1．C 语言中的实型变量分为两种类型，它们是（　）和（　）。

2．C 语言中的标识符只能由三种字符组成，它们是（　）、（　）和（　）。

3．若有定义：char c='\010'；则变量 c 中包含的字符个数是（　）。

4．C 语言提供的三种逻辑运算符是（　）、（　）、（　）。

5．设 y 为 int 型变量，请写出描述"y 是奇数"的表达式（　）。

6．设 x，y，z 均为 int 型变量，请写出描述"x 或 y 中有一个小于 z"的表达式（　）。

7．在 C 语言中，二维数组元素在内存中的存放顺序是（　）。

8．若有定义：double x[3][5]；则 x 数组中行下标的下限为（　），列小标的上限为（　）。

9．若有定义：int a[3][4]={{1，2}，{0}，{4，6，8，10}}；则初始化后，a[1][2]得到的初值是（　），a[2][2]得到的初值是（　）。

10．若自定义函数要求返回一个值，则应在该函数体中有一条（　）语句，若自定义函数要求不返回一个值，则应在该函数说明时加一个类型说明符（　）。

11．函数中的形参和调用时的实参都是数组名时，传递方式为（　），都是变量时，传递方式为（　）。

三、读程序（30 分）

1．
```
main（）
{int a=2，b=3，c;
c=a;
if （a>b） c=1;
else if （a= =b） c=0;
else c=-1;
printf （"%d\n"，c）；}
```
运行结果：

2．
```
main（）
{int a=2，b=7，c=5;
switch （a>0）
{ case 1：swithch （b<0）
{case 1：printf（"@"）；break;
case 2：printf（"！"）；break;
}
case 0：switch （c= =5）
{ case 0：printf（"*"）；break;
case 1：printf（"#"），break;
default：printf（"#"）；break;
```

```
    }
    default: printf ("&") ;            运行结果:
    } printf ("\n") ;
    }
3. #include
    main ()
    { int i;
    for (i=1; i<=5; i++)
    switch (i%5)
    { case 0: printf ("*") ; break;
    case 1: printf ("#") ; break;
    default: printf ("\n") ;
    case 2: printf ("&") ;         运行结果:
    }
    }
4. main ()
    { int i, b, k=0;
    for (i=1; i<=5; i++)
    {b=i%2;
    while (b-->=0)  k++;
    }                          运行结果:
    printf ("%d, %d", k, b) ;
    }
5. #include
    main ()
    { char ch[7]={"12ab56"};
    int i, s=0;
    for (i=0; ch[i]>='0'&&ch[i]<='9'; i+=2)
    s=s*10+ch[i]-'0';                     运行结果:
    printf ("%d\n", s) ;
    }
6. main ()
    { int a=2, i;
    for (i=0; i<3; i++)
    printf ("M", f (a) ) ;
    }
    f (int a)
    { int b=0; static int c=3;
    b++; c++;
```

运行结果：

return（a+b+c）；

}

四、编写程序（20 分）

1．从键盘输入的 10 个整数中，找出第一个能被 7 整除的数。若找到，打印此数后退出循环；若未找到，打印“not exist”。

2．已有变量定义和函数调用语句：int x=57；isprime（x）；函数 isprime（）用来判断一个整数 a 是否是素数，若是素数，函数返回 1，否则返回 0.请编写 isprime 函数。

insprime（ int a）

{……}；　{……}

模拟试题十二

一、填空与选择

1．C 语言从源程序的书写到上机运行输出结果要经过__________四个步骤。

2．C 语言的表达式与语句的区别在于__________.

3．C 语句_________ （有、没有）输入、输出语句。

4．结构化程序的编写有__________三种程序结构。

5．表达式 10/3*9+/2 的值是__________.

6．设有"int x=2，y"说明，则逗号表达式"y=x+5，x+y"的值是________.

7．设有"int x=1"，则"x>0？2*x+1：0"表达式的值是__________.

8．变量 Y 满足以下两条件中的任意一个：①能被 4 整除，但不能被 100 整除；②能被 400 整除。请用逻辑表达式表示所给条件。_____

9．逻辑运算符"&&、||、 ！"中的优先级是______

10．C 语言是由__________基本单位组成的。

A．过程　　B．语句　　C．函数　　D．程序

11．有如下语句：X+Y*Z>39 && X*Z||Y*Z 是什么表达式__________

A．算术表达式　　B．逻辑表达式　　C．关系表达式　　D．字符表达式

12．下面几种说法中哪个是正确的？__________

A．else 语句需与它前面的 if 语句配对使用；

B．else 语句需与前面最接近它的 if 语句配对使用；

C．else 语句需与前面最接近它，且没有和其它 else 语句配对的 if 语句配对；

D．以上都正确。

13．有说明语句：char a[ ]="this is a book"。请问该数组到底占了几个字节？

A．11　　B．12　　C．14　　D．15

14．设整型变量 a 为 5，使 b 不为 2 的表达式是_________

A．b=a/2　　B．b=6–（—a）　　C．b=a%2　　D．b=a>3？2：1

15．设整型变量 n 的值为 2，执行语句"n+=n—=n*n"后，n 的值是________

A．0　　B．2　　C．-4　　D．4

16．执行语句"x=（a=3，b=a—）"后，x，a，b 的值依次为________

A．3， 3， 2　　B．3，2，2　　C．3，2，3　　D．2，3，2

17．如果 X=5，执行语句 X*=X+=X*3 后，则 X 的值为_________

A．100　　B．400　　C．450　　D．900

18．下列常量中哪个是不合法的________

A．2e32.6　　B．0.2e-5　　C．“basic”　　D．0x4b00

19．下列标识符错误的是________

A．x1y　　B．_123　　C．2ab　　D．_ab

20．c 语言中 int 型数-8 在内存中的存储形式为______

A．1111111111111000　　B．1000000000001000

C．0000000000001000　　D．1111111111110111

二、读程序（结果写在试卷的右边）

1．写出下列程序段的输出结果：

```
main（）
{int x=5;    int y=10;
printf（"%d\n", x++）;
printf（"%d\n", ++y）;    }
```

2．下面程序的输出结果是什么？

```
#include "stdio.h"
main（）
{ int x=3;
switch（x）
{ case 1:
case 2: printf（"x<3\n"）;
case 3: printf（"x=3\n"）;
case 4:
case 5: printf（"x>3\n"）;
default: printf（"x unknow\n"）;    } }
```

3．根据源程序，写出相应的数学表达式

```
#include "stdio.h"
main（）
{ int x, y;
scanf（"%d", &x）;
if （x<0） y= -1;
else if （x= = 0）
y=0;
else y=1;
printf（"x=%d, y=%d\n", x, y）;    }
```

4．读出下列程序的输出结果：

```
main（）
{ int a=1, b=1, c=1;
printf（"%d, %d, %d\n", a, b, c）
a+=b+=++c;
```

```
printf（"%d，%d，%d\n"，a，b，c）；
printf（"%d，%d，%d\n"，a++，——b，++c）；
printf（"%d，%d，%d\n"，a，b，c）；                }
```

三、程序填空（根据题意，将空缺的语句补上）

1．下列程序的功能是计算圆的面积，将程序补充完整。

```
#define  PI = 3.14159
main（）
{ float  r，s；
printf（"Enter a number  r："）；
_________
s=PI*r*r
__________；  }
```

2．该程序完成的功能是求 1+2+3+…+10 的累加和，并进行累加和的输出打印。变量 sum 是存放累加值的。

```
#include "stdio.h"
main（）
{  ____
i=1，sum=0；
for（；  i<=10；）
{ sum+=i；
_______ }
printf（"%d\n"，sum）；}
```

四、改错

求 Fibonacci 数列 40 个数。这个数列有如下特点：第 1，2 两个数为 1，1.从第 3 个数开始，该数是其前面两个数之和。即：

F1=1 （n=1） F2=1 （n=2） Fn=Fn-1+Fn-2 （n≥3）

程序如下，请改正：

```
main（）
{ long int f1，f2
int i；
f1=f2=1；
for （i=1，  i<=20 ，  i- -）；
{ printf（"↕ ld ↕ ld"，f1，f2）；
if （i%4=0） printf（"\n"）；
f1=f1+f2
f2=f2+f1；  } }
```

五、编程

1. 给定一个正整数，判断它是否能同时被 3、5、7 整除。
2. 从键盘录入 10 个数到数组 A，请将它们进行由小到大的排序（方法不限）。

模拟试题十三

一、单项选择题（每题 1 分，共 20 分）

1．C 程序的基本单位是：（　　）

A．子程序　　B．程序　　C．子过程　　D．函数

2．在 C 语言中，非法的八进制是：（　　）

A．016　　B．018　　C．017　　D．02

3．不是 C 语言实型常量的是：（　　）

A．55.0　　B．0.0　　C．55.5　　D．55e2.5

4．字符串“xyzw”在内存中占用的字节数是：（　　）

A．6　　B．5　　C．4　　D．3

5．若已定义 f，g 为 double 类型，则表达式：f=1，g=f+5/4 的值是：（　　）

A．2.0　　B．2.25　　C．2.1　　D．1.5

6．若有语句 char　c1=`d`，c2=`g`；printf（“%c，%d\n”，c2-`a`，c2-c1）；则输出结果为：（　　）
（a 的 ASCII 码值为 97）

A．M，2　　B．G，3　　C．G，2　　D．D，g

7．使用语句 scanf（“a=%f，b=%d”，&a，&b）；输入数据时，正确的数据输入是：（　　）

A．a=2.2，b=3　　B．a=2.2 b=3　　C．2.2 3　　D．2.2，3

8．表示关系 12<=x<=y 的 C 语言表达式为：（　　）

A．（12<=x）&（x<=y）　　B．（12<=x）&&（x<=y）

C．（12<=x）|（x<=y）　　D．（12<=x）||（x<=y）

9．设 x=1，y=2，m=4，n=3，则表达式 x>y？x：m<N？Y：N 的值为：（   ）
< P>

A．1　　B．3　　C．2　　D．4

10．若有说明和语句：int a=5，b=6；b*=a+1；则 b 的值为：（　　）

A．5　　B．6　　C．31　　D．36

11．设整型变量 s，t，c1，c2，c3，c4 的值均为 2，则执行语句（s=c1==c2）||（t=c3>c4）后，s，t 的值为：（　　）

A．1，2　　B．1，1　　C．0，1　　D．1，0

12．语句 for（a=0，b=0；b！=100&&a<5；a++）scanf（“%d”，&b）；　scanf 最多可执行次数为：（　　）

A．4　　B．6　　C．5　　D．1

13．对于 for（s=2；　；s++）可以理解为：（　　）

A．for（s=2；0 ；s++）　　B．for（s=2；1 ；s++）

C. for（s=2；s<2 ；s++）　　D. for（s=2；s>2；s++）

14. 若有 char h=`a`，g=`f`；int a[6]={1，2，3，4，5，6}；则数值为 4 的表达式为：（　）

A. a[g-h]　　B. a[4]　　C. a[`d`-`h`]　　D. a[`h`-`c`]

15. 设：char s[10]={“october”}；则 printf（“%d\n”，strlen（s））；输出是：（　）

A. 7　　B. 8　　C. 10　　D. 11

16. 若有 int a[3][5]={2，2}，{2，6}，{2，6，2}}，则数组 a 共有个元素：（　）

A. 8　　B. 5　　C. 3　　D. 15

17. 设 int a=5，b，*p=&a，则使 b 不等于 5 的语句为：（　）

A. b=*&a　　B. b=*a　　C. b=*p　　D. b=a

18. 若有 int a[7]={1，2，3，4，5，6，7}，*p=a 则不能表示数组元素的表达式是：（　）

A. *p　　B. *a　　C. a[7]　　D. a[p-a]

19. 若有 int b[4]={0，1，2，3}，*p 则数值不为 3 的表达式是：（　）

A. p=s+2，*（p++）　B. p=s+3，*p++　　C. p=s+2，*（ ++p）　　D. s[3]

20. 设有如下定义：struct jan{int a；float b；}c2，*p；若有 p=&c2；则对 c2 中的成员 a 的正确引用是：（　）

A.（*p）.c2.a　　B.（*p）.a　　C. p->c2.a　　D. p.c2.a

二、填空题（每空 1 分，共 15 分）

1. C 语言标识符由 ________、__________和__________来构造。
2. 在 C 语言中，字符串常量是用_______一串字符。
3. 若有说明和语句：int a=25，b=60；b=++a；则 b 的值是_____.
4. 若 int x=5；while（x>0）printf（“%d”，x——）；的循环执行次数为_____.
5. 若有 int a[5]，*p=a；则 p+2 表示第____个元素的地址。
6. 若有说明和语句：int a=5，b=6，y=6；b-=a；y=a++则 b 和 y 的值分别是 ___、___.
7. 已知整型变量 a=3，b=4，c=5，写出逻辑表达式 a||b+c>c&&b-c 的值是____.
8. C 程序设计的三种基本结构是 ________、________和________.
9. 数组是表示类型相同的数据，而结构体则是若干_____数据项的集合。
10. C 语言中文件是指__________________.

三、将下列程序补充完整（每空 2.5 分，共 30 分）

1. 输入三角形的三条边 a，b，c，求三角形的面积。

```
#include “math.h”
#include “stdio.h”
main（ ）
{float  a，b，c，d，t，s;
printf（“请输入三角形的三条边：”）;
scanf（“%f，%f，%f”，&a，&b，&c）;
if  （1）
printf（“%f%f%f 不能构成三角形！”， a，b，c）;
```

C语言程序设计教程

```
else {t=（a+b+c）/2;
s= （2）
printf（“a=%7.2f，b=%7.2f，c=%7.2f，area=%7.2f\n”， a，b，c，s）；}}
```

（1）

（2）

2．输入两个整数，n1，n2（要求 n1<N2），统计两整数范围内被 3 整除的数的个数。< P>

```
#include “stdio.h”
main（）
{int n1，n2，j，n=0;
printf（“\n 请输入两个数：”）；
scanf （ （3） ）；
if（n1>n2）{ （4） ｝
for（j=n1；j<=n2，j++）
if （5） n++;
printf（“a=]，b=]，n=]\n”n1，n2，n）；}
```

（3）

（4）

（5）

3．输入两个整数，n1，n2（要求 n1<N2)，统计两整数范围内的素数的个数。< P>

```
#include “math.h”
#include “stdio.h”
int prime （int x）
{int k;
for （6）
if （x%k==0） return（0）；
return（1）}
main（）
{int a，b，j，n=0;
printf（“\n 请输入两个数：”）；
scanf（“%d，%d”，&a，&b）；
if（a>b）{ （7） }
for（j=a；j<=b，j++）
if（ （8） ） n++;
printf（“a=M，b=M，n=M\n”a，b，n）；}
```

（6）

（7）

（8）

4．编写程序，输入 n 个整数（n 由键盘输入），统计其中正数、负数和零的个数。

```
#include “stdio.h”
```

```
main（ ）
{int x，n，k，k1=0，k2=0，k3=0;
printf（"input n=："）；
（9）
for（k=0；k<N；K++）< P>
{scanf（"%d"，&x）；
if （x<0）k1++;
（10）      ;
else  k3++;
printf（"k1=M，k2=M，k3=M\n"，k1，k2，k3）}}
```

（9）

（10）

5．设计一个程序完成以下功能：若从键盘输入英文字母，则原样输出；输入其他字符不理会，直到输入Q键结束。

```
#include "stdio.h"
main（ ）
{char ch;
do{ch=getchar（）；
if （    （11）    ）break;
else if（    （12）    ）putchar（ch）;
}while（1）；}
```

（11）

（12）

四、按格式写出程序运行结果（每题4分，共16分）

1．格式化输出函数

```
main（）
{     int a=1，c=65，d=97;
printf（"a10=%d，a8=%o，a16=%x\n"，a，a，a）；
printf（"c10=%d，c8=%o，c16=%x，cc=%c\n"c，c，c，c）；
d++;
printf（"d10=%d，dc=%c\n"d，d）；}
```

输出结果：

2．循环结构

```
main（）
{ int y=9，k=1;
for（；y>0；y——）
{if（y%3==0）{printf（"M"——y）；continue；}
k++；}
```

C语言程序设计教程

```
printf（"\nk=M，y=M\n"，k，y）；}
```

输出结果：

3．数组

```
#include "stdio.h"
main（ ）
{int k，j;
in  ta[]={3，-5，18，27，37，23，69，82，52，-15};
for（k=0，j=k；k<10；k++）
if（a[k]>a[j]）j=k;
printf（"m=%d，j=%d\n"，a[j]，j）；}
```

输出结果为：

4．字符输出

```
main（ ）
{char *p，s[]="ABCD";
for （ p=s；p<S+4；P++）< P>
printf（"%s\n"，p）；}
```

输出结果：

五、按题目要求写出可运行程序（19 分）

1．求元素个数为 10 的一维数组元素中的最大值和最小值。

2．将矩阵（左下）倒置为（右下）。

9	7	5		9	3	4
3	1	2		7	1	6
4	6	8		5	2	8

3．编写函数：输入两个正整数 m，n，求它们的最大公约数和最小公倍数。编写程序如下：

模拟试题十四

一、选择题（1～14 每题 1 分，15～18 每题 1.5 分，共 20 分）

1．可选作用户标识符的一组标识符是（　）

A．void	B．c5_b8	C．For	D．3a
Define	_53	-ab	DO
WORD	IF	Case	int

2．在 C 语言中，非法的八进制是：（　）

A．018　　B．016　　C．017　　D．0257

3．在 TC 中，基本 int a[4]类型变量所占的字节数是（　）

A．1　　B．2　　C．4　　D．8

4．设 x，y，z，k 都是 int 型变量，则执行表达式：x=（y=4，z=16，k=32）后，x 的值为（　）

A．4　　B．16　　C．32　　D．52

5．设 int 型变量 a 为 5，使 b 不为 2 的表达式是（　）

A．b=a/2　　B．b=6-（-a）　　C．b=a%2　　D．b=a>3？2：1

6．一个 C 程序的执行是从（　）

A．main（）函数开始，直到 main（）函数结束。

B．第一个函数开始，最后一个函数结束。

C．第一个语句开始，最后一个语句结束。

D．main（）函数开始，直到最后一个函数。

7．C 语言中用于结构化程序设计的三种基本结构是（　）

A．if、switch、break

B．if　while　for

C．while　do- while　for

D．顺序结构、选择结构、循环结构

8．以下叙述中不正确的是（　）

A．在不同的函数中可以使用相同名字的变量。

B．函数中的形式参数是局部变量。

C．在一个函数内的符合语句中定义变量在本函数范围内有效。

D．在一个函数内定义的变量只在本函数范围内有效。

9．若 k 为 int 类型，且 k 的值为 3，执行语句 k+=k-=k*k 后，k 的值为（　）

A．-3　　B．6　　C．-9　　D．-12

10．有以下程序

C语言程序设计教程

main（）

{int x=3，y=3，z=3；

printf（“%d %d\n”（++x，y++），++z）；}输出结果（ ）

A．3 3　　B．3 4　　C．4 2　　D．4 3

11．若有定义和语句：int a=21，b=021；printf（“%x，%d \n”，a，b）；输出结果（ ）

A．17，15　　B．16，18　　C．17，19　　D．15，17

12．已有定义语句：int x=3，y=4，z=5；则值为 0 的表达式是（ ）

A．x>y++　　B．x<=++y　　C．x！=y+z>y-z　　D．y%z>=y-z

13．能正确表达逻辑关系“a≥10 或 a≤0”的 C 语言表达式是（ ）

A．a>=10 or a<=0　　B．a>=10||a<=0

C．a>=10&&a<=0　　D．a>=10|a<=0

14．n 为整型常量，且 n=2；while（n—）；printf（“%d”，n）；执行后的结果是：（ ）

A．2　　B．1　　C．-1　　D．0

15．若有以下定义和赋值 double *q，a=5.5； int *p，i=1； double *q，a=5.5；int *p，i=1； p=&i；q=&a；以下对赋值语句叙述错误的是（ ）。

A．*p=*q 变 i 中的值。

B．p=oxffd0；将改变 p 的值，使 p 指向地址为 ffd0 的存储单元。

C．*q=*p；等同于 a=i；

D．*p=*q；是取 q 所指变量的值放在 p 所指的存储单元

16．若有以下定义语句 double a[8]，*p=a； int i=5； 对数组元素错误的引用是（ ）

A．*a　　B．*a[5]　　C．*（p+i）　　D．p[8]

17．以下选项中不能使指针正确指向字符串的是（ ）

A．char *ch；*ch=“hello”　　B．char *ch=“hello”

C．char *ch=“hello”；ch=“bye”　　D．char *ch“；ch=”hello“

18．若有以下说明和定义语句：union uti {int n；double g；char ch[9]；}

struct srt{float xy；union uti uv；}aa；则变量 aa 所占内存的字节数是（ ）

A．9　　B．8　　C．13　　D．17

二、填空题（每空 1 分，共 12 分）

1．C 语言源程序文件的扩展名是______，经过编译后，生成文件的扩展名是______，经过连接后，生成文件的扩展名是______.

2．把 a，b 定义成长整型变量的定义语句是______.

3．设 x 和 y 均为整型变量，且 x=3，y=2，则 1.0*x/y 表达式的值为______.

4．已有定义：float x=5.5；则表达式：x=（int）x+2 的值为______.

5．已有定义：int x=0，y=0；则表达式：（x+=2，y=x+3/2，y+5）后，变量 x 的值为______，变量 y 的值为______，表达式的值为______.

6．执行以下 for（i=1；i++<=5）语句后，变量 i 的值为______.

7．数组是表示类型相同的数据，而结构体则是若干______数据项的集合。

8．C 语言中文件是指______.

三、程序补充题（每空 3 分，共 24 分）

1．从键盘上输入若干个学生成绩，统计并输出最高成绩和最低成绩，当输入负数时结束输入。

```
main（）
{ float s，gmax，gmin;
scanf（"%f，"&s）；
gmax=s; gmin=s;
while  （1）
{if（s>gmax）gmax=s;
if  （2）    gmin=s;
scanf（"%f"，&s）；}
printf（"gmax=%f\ngmin=%f\n"gmax，gmin）；}
```

2．求任意两个正整数的最大公约数和最小公倍数

```
#include "stdio.h"
main（）
{int r，m，n，temp，gcd，lcm;
printf（"enter two number please："）；
scanf（"   （3）   "，&m，&n）；
lcm=m*n;
while（m%n！=0）
{r=m%n; （4）；n=r; }
gcd=n; lcm=lcm/n;
printf（"gcd=%d\nlcm=%d\n"，gcd，lcm）；}
```

3．求 y 的 x 次方。

```
Double fun1（double y，int x）
main（）{int i;
double z=1.0;
for（i=1；i   （5）    ；i++）
z=  （6）    ；
return z; }
```

4．对输入一个整数进行判断，若是偶数，输出 even，否则输出 odd，在子函数 fun2 功能是判定整数是否为偶数，若是偶数，返回 1，否则返回 0.

```
int fun2（int x）
{if（x%2==0）  （7）   ；
return  0 ；}
main（）
{int n;
scanf（"%d"，&n）；
if  （8） printf（"even\n"）；
```

C语言程序设计教程

```
else printf（“odd\n”）；}
```

四、按格式写出程序运行结果（每题 4 分共 20 分）

1．main（）

```
{int a=1，c=65，d=97;
printf（“a8=%o，a16=%x\n”，a，a）；
printf（“c10=%d，c8=%o，c16=%x，cc=%c\n”c，c，c，c）；
d++;
printf（“d10=%d，dc=%c\n”d，d）；}
```

程序运行结果为：

2．有以下程序

```
void f（int x，int y）
{int t;
if（x< P>
main（）
{int a=4，b=3；c=5;
f（a，b）；  f（a，c）；  f（b，c）；
printf（“%d，%d，%d”，a，b，c）；}
```

执行后的结果是：（　）

3．程序执行的结果是（　）

```
main（）
{int i=0，a=2;
if（i==0）printf（“**”）；
else printf（“$$”）；
printf（“*”）；}
```

4．有以下程序

```
main（）
{int sum=0，n;
scanf（“%d”，&n）；
while（n<=5）
{sum+=n;
n++；}
printf（“sum=%d”，sum）；}
```

当输入：1　程序运行的结果为（　）

5．执行以下程序段，输出的结果为（　）

```
main（）
{ int a[2][3]={{3，2，7}，{4，8，6}};
int *p，m;
p=&a[0][0];
m=（*p）*（*（p+2））*（*（p+4））；
```

printf（"m=%d"，m）；}

五、按题目要求写出可运行程序（24 分）

1．模拟计算器功能，编写程序，根据用户输入的运算符，对两个数进行运算。（用 switch 语句）

2．求 3~100 之间的全部素数，并统计素数个数。

模拟试题十五

一、填空与选择

1．C 语言从源程序的书写到上机运行输出结果要经过______________四个步骤。

2．C 语言的表达式与语句的区别在于________________________________.

3．C 语句____________（有、没有）输入、输出语句。

4．结构化程序的编写有____________________________三种程序结构。

5．C 语言中，变量的存储类别共有四种，即时_________________和寄存器型。

6．表达式 10/3*9┼ /2 的值是_________________.

7．设有“int x=2，y”说明，则逗号表达式“y=x+5，x+y”的值是_______________.

8．设有“int x=1”，则“x>0？2*x+1：0”表达式的值是____________________.

9．变量 Y 满足以下两条件中的任意一个：①能被 4 整除，但不能被 100 整除；②能被 400 整除。请用逻辑表达式表示所给条件。____

10．C 语言调用函数中，参数的虚实结合是________________

A．传值　　B．传址　　C．不分

11．逻辑运算符“&&、‖、！”中是短路运算符号是__________________

12．C 语言是由_______________基本单位组成的。

A．过程　　B．语句　　C．函数　　D．程序

13．有如下语句：X+Y*Z>39 && X*Z‖Y*Z 是什么表达式_________

A．算术表达式　　B．逻辑表达式　　C．关系表达式　　D．字符表达式

14．若进入 TC 集成环境后，运行（RUN）源程序系统提示包含文件（Include）或库文件（Lib） 无法定义时，应修改 TC 菜单中的哪一项中的哪个子菜单项？

A．File\Change　　B．File\Directory

C．Option\Directories　　D．TC 系统出故障了，应重新安装 TC 环境。

15．下面几种说法中哪个是正确的？____________

A．else 语句需与它前面的 if 语句配对使用；

B．else 语句需与前面最接近它的 if 语句配对使用；

C．else 语句需与前面最接近它的，且没有和其它 else 语句配对的 if 语句配对；

D．以上都正确。

16．定义结构体的关键字是______________

A．union　　B．enum　　C．struct　　D．typedef

17．定义联合体的关键字是__________________

18．链表的首指针能根据程序的需要进行移动读取链表中的某项内容，即链表可以没有首指针吗？

A．当然可以　　B．不可以

C．无所谓　　D．最好不要移动首指针

19．定义一个数组 a 是一个具有 3 个元素的指针数组，它的定义语句格式是____

A．<类型标识符> （*a）[3]　　B．<类型标识符> *a[2]

C．<类型标识符> *a[3]　　D．以上写法都不对。

20．有说明语句：char a[ ]="this is a book"。请问该数组到底占了几个字节？____

A．11　　B．12　　C．14　　D．15

21．设整型变量 a 为 5，使 b 不为 2 的表达式是__________

A．b=a/2　　B．b=6–（—a）　　C．b=a%2　　D．b=a>3？2：1

22．设整型变量 n 的值为 2，执行语句"n+=n-=n*n"后，n 的值是__________

A．0　　B．2　　C．-4　　D．4

23．设 A，B 均为整型变量，下列表达式中不是赋值表达式的是__________

A．A=b+3，b+5，—b　　B．A=4*5；

C．A=++A–B　　D．a=b=5

24．执行语句"x=（a=3，b=a—）"后，x，a，b 的值依次为__________

A．3， 3， 2　　B．3，2，2　　C．3，2，3　　D．2，3，2

25．下列对数组操作不正确的语句是__________

A．int a[5];　　B．char b[ ]={'h'，'e'，'l'，'l'，'o'}；

C．int a[ ]={2，3，4，5}；　　D．char b[3][ ]={1，2，3，4，5，6}；

26．设 A 为存放短整型的一维数组，如果 A 的首地址为 P，那么 A 中第 I 个元素的地址为____________

A．P+I*2　　B．P+（I-1）*2　　C．P+（I-1）　　D．P+I

27．如果 X=5，执行语句 X*=X+=X*3 后，则 X 的值为__________

A．100　　B．400　　C．450　　D．900

28．下列常量中哪个是不合法的________________

A．2e32.6　　B．0.2e-5　　C．"basic"　　D．0x4b00

29．下列标识符错误的是________

A．x1y　　B．_123　　C．2ab　　D．_ab

30．c 语言中 int 型数-8 在内存中的存储形式为______

A．1111111111111000　　B．1000000000001000

C．0000000000001000　　D．1111111111110111

二、读程序

1．写出下列程序段的输出结果：

```
main（）
{int x=5;
int y=10;
printf（"%d\n"，x++）；
printf（"%d\n"，++y）；  }
```

2．写出下列程序的输出结果：

```
main（）
{int x，y，z;
x=y=z=-1;
printf（"x=%d\ty=%d\tz=%d\n"，x，y，z）;
++y&&++x||++z;
printf（"x=%d\ty=%d\tz=%d\n"，x，y，z）;
x=y=z=-1;
++x||y++&&z;
printf（"x=%d\ty=%d\tz=%d\n"，x，y，z）; }
```

3．下面程序的输出结果是什么？

```
#include "stdio.h"
main（）
{ int x=3;
switch（x）
{ case 1:
case 2: printf（"x<3\n"）;
case 3: printf（"x=3\n"）;
case 4:
case 5: printf（"x>3\n"）;
default: printf（"x unknow\n"）;  }  }
```

4．标记出变量 p、q、 a、b、c、x、y 和 c1 的作用范围和变量性质（局部、全局）

```
int p=1，q=5;
float f1（int a）
{int b，c;
char ch;
…    局部变量 ch 在此范围内有效
}
char c1;
char f2（int x，int y）
{int i，j;
```

5．根据源程序，写出相应的数学表达式

```
#include "stdio.h"
main（）
{int x，y;
scanf（"%d"，&x）;
if （x<0） y= -1;
else if （x= = 0）
y=0;
else y=1;
```

```
printf（"x=%d，y=%d\n"，x，y）；    }
```

6．分析下列程序所完成的功能。

```
main（）
{int a，b，c，*pa=&a，*pb=&b，*pc=&c，*p;
scanf（"%d，%d，%d"，pa，pb，pc）；
if （*pa>*pb）
p=pa，pa=pb，pb=p;
if （*pa>*pc）
p=pa，pa=pc，pc=p;
if （*pb>*pc）
p=pb，pb=pc，pc=p;
printf（"%d<=%d<=%d"，*pa，*pb，*pc）；    }
```

三、程序填空（根据题意，将空缺的语句补上）

1．该程序完成的功能是求1+2+3+…+10的累加和，并进行累加和的输出打印。变量sum是存放累加值的。

```
#include "stdio.h"
main（）
{  ________________
i=1，sum=0;
for（；  i<=10；）
{sum+=i;
_________}
printf（"%d\n"，sum）；    }
```

2．阅读函数，根据函数完成的主要功能，补充、完善主函数。

```
float av（float a[]，int n）
{int i；float s;
for （i=0，s=0；i
return （s/n）；    }
main（）
{float a[10];
_______________
for （i=0；_________）
scanf（"%f"_______）；
printf（"%f"，av（a，10））；}
```

3．从键盘输入一些字符，逐个把它们送到磁盘文件TEXT.txt中，直到输入一个"$"为止。请将空缺地方补充完善。

```
#include "stdio.h"
main（）
{FILE *fp;
```

```
char ch;
if （（fp=fopen（"test.txt"，"w"））==NULL）
{printf（"cannot open file\n"）;
;
}
;
while（ch！='$'）
{ fputc（ch，fp）; putchar（ch）;
ch=getchar（）;                }
_________________________;     }
```

四、编程

1．输入一单精度二维数组 a[4][3]，计算该二维数组中的最大元素的值及其所在位置（行、列），并输出计算结果。

2．N 个学生，每个学生的信息包括学号、性别、姓名、四门课的成绩，从键盘上输入 N 个学生的信息，要求输出总平均成绩最高的学生信息，包括学号、性别、姓名和平均成绩。

参 考 文 献

[1] 谭浩强. C 语言程序设计（第 2 版）. 清华大学出版社.

[2] 徐新华. C 语言程序设计教程（第 2 版）. 中国水利水电出版社.

[3] 丁爱萍. C 语言程序设计实例教程（第 2 版）. 西安电子科技大学出版社.

[4] 陈朔鹰. C 语言趣味程序百例精解. 北京理工大学出版社.

反侵权盗版声明